DU MICROSCOPE
APPLIQUÉ A L'ÉTUDE DE LA MINÉRALOGIE ET DE LA PÉTROGRAPHIE

MINÉRALOGIE MICROGRAPHIQUE

PAR

Le Docteur L. Xavier GORECKI

PROFESSEUR LIBRE D'OPHTHALMOLOGIE
MEMBRE DES SOCIÉTÉS DE MINÉRALOGIE, D'ANTHROPOLOGIE, D'HYGIÈNE FRANÇAISE, DE MÉDECINE PUBLIQUE, ETC.

(Extrait du Manuel de Technique microscopique du Dr Paul LATTEUX)

PARIS
A. DELAHAYE ET E. LECROSNIER, ÉDITEURS
23, PLACE DE L'ÉCOLE-DE-MÉDECINE, 23

1887

DU MICROSCOPE

APPLIQUÉ A L'ÉTUDE DE LA MINÉRALOGIE ET DE LA PÉTROGRAPHIE

MINÉRALOGIE MICROGRAPHIQUE

PAR

Le Docteur L. Xavier GORECKI

PROFESSEUR LIBRE D'OPHTHALMOLOGIE
MEMBRE DES SOCIÉTÉS DE MINÉRALOGIE, D'ANTHROPOLOGIE, D'HYGIÈNE FRANÇAISE,
DE MÉDECINE PUBLIQUE, ETC.

(Extrait du Manuel de Technique microscopique du Dr Paul LATTEUX)

PARIS
A. DELAHAYE ET E. LECROSNIER, ÉDITEURS
23, PLACE DE L'ÉCOLE-DE-MÉDECINE, 23

1887

DU MICROSCOPE

APPLIQUÉ

A L'ÉTUDE DE LA MINÉRALOGIE

ET DE LA PÉTROGRAPHIE

L'examen microscopique des roches réduites en plaques minces à la lumière naturelle et à la lumière polarisée constitue une science nouvelle, extrêmement intéressante et attrayante. En France, elle est connue grâce surtout aux beaux travaux de MM. *Fouqué*, professeur au Collège de France, et *Michel Lévy*, ingénieur en chef des mines, qui ont publié, sous les auspices du Ministre des travaux publics, un important ouvrage : la *Minéralogie micrographique des roches éruptives françaises*, auquel nous emprunterons la plupart des détails qui suivent. Nous nous sommes efforcé d'être aussi clair et aussi élémentaire que possible, supprimant tout ce qui exige des connaissances physiques, mathématiques ou cristallographiques que ne possèdent pas la plupart des histologistes. Dans ces conditions, nous ne pouvons être que très incomplet ; parfois même, nous avons dû négliger des choses très importantes, nous contenter d'explications approximatives, en un mot, sacrifier tout ce qui nous a paru susceptible d'embarrasser un commençant. Notre but et notre espoir sont plutôt d'inspirer à nos lecteurs le goût de la minéralogie microscopique, en leur montrant les merveilleux attraits de cette science, que de la leur enseigner réellement, ce qui est chose absolument impossible, étant donné le cadre dans lequel nous sommes renfermé (Dr Gorecki).

Nous diviserons notre tâche en cinq parties :

1° Préparation d'une plaque mince d'une roche ou d'un minéral pour l'examen microscopique ;

2° Généralités sur les principales lois applicables à la minéralogie micrographique : définitions, examen à la lumière naturelle, — avec le nicol inférieur, — avec les deux nicols, — réfringence, — biréfringence, — polychroïsme, — angles d'extinction, — signe, — examen en lumière convergente, etc. ;

3° Propriétés des principaux minéraux des roches éruptives.

4° Tableau récapitulatif des caractères microscopiques des minéraux en plaques minces ;

5° Comment doit-on procéder à l'examen d'un minéral réduit en plaque mince ?

I. — PRÉPARATION D'UNE PLAQUE MINCE.

Il est parfois possible de tirer quelques bonnes indications des poussières minérales cristallisées, obtenues en pulvérisant une roche dans un mortier. Il faut alors examiner des fragments de grosseur déterminée, en tamisant la poussière successivementdans deux tamis de soie, dont les fils sont écartés de 2 millièmes de millimètre dans l'un, et de 3 millièmes dans l'autre. On n'examine que les grains de grosseur à peu près uniforme, qui sont restés sur le premier et ont passé à travers le second. On dépose sur une lame de verre un peu de cette poussière,et on y verse une ou deux gouttes d'une solution de baume de Canada (2 parties de baume dans 1 partie de benzine ou de chloroforme). On recouvre ensuite le tout avec un verre mince, qui étale la préparation. On peut l'examiner de suite pour voir si elle mérite la peine d'être conservée, et dans ce dernier cas, on met sur le verre mince une autre plaque de verre, comme pour une préparation histologique à cellule de bitume, et on maintient le tout au moyen d'une pince à pression continue pendant quelques heures. Il faut avoir soin de retirer la plaque de verre avant la dessiccation du baume qui a débordé sous le verre mince. Aussi est-il plus simple d'assurer l'adhérence du verre mince en le laissant chargé d'un plomb de poids et de dimensions convenables, pendant deux ou trois jours selon la température.

Le plus souvent, lorsqu'on veut procéder à un examen rapide de certains éléments d'une roche et en particulier des minéraux clivables ou se présentant en aiguilles et en fibres, il suffit d'en détacher quelques lamelles au moyen d'une lame de canif, et de les placer sur une plaque avec ou sans baume de Canada et verre mince.

Il est rare, du moins à Paris, que l'on prépare soi-même les plaques minces des roches, destinées à être examinées au microscope polarisant (1); cependant il est bon d'être au besoin en état de le faire. Voici comment il est le plus simple de procéder.

On commence par détacher une esquille de la roche, soit au moyen d'un marteau, soit par un trait de scie. Ce dernier procédé facilite beaucoup le travail qui doit suivre.

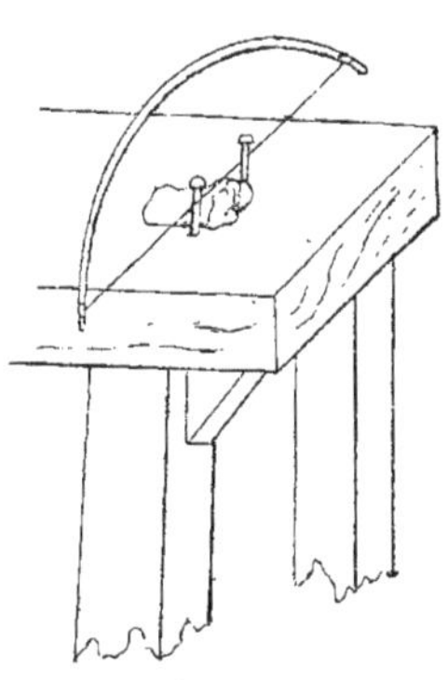

Fig. 1.

Fig. 2.

Pour *scier* une roche, on la fixe sur un mandrin de bois au moyen de la cire spéciale, ou mastic dont se servent les bijoutiers, ou on la saisit au moyen d'un étau à mors garnis de bois. La pierre étant bien fixée sur l'établi entre deux clous de 7 à 8 centimètres de longueur, qui devront servir de guide au fil de fer servant de scie, on en enlève un fragment d'environ 1 centimètre carré de section à l'endroit et dans une direction choisis d'avance (fig. 1 et 2).

Le moyen le plus simple de construire l'archet destiné à scier

(1) M. Verlein, 20, rue du Cardinal-Lemoine, se charge avec beaucoup de talent de tous les travaux de cette nature.

une pierre dure, c'est de prendre un morceau de cercle de tonneau de 60 centimètres de longueur environ, et de le tendre au moyen d'un fil de fer étamé. Comme ce fil ne serait pas capable d'user la roche, on a soin de l'arroser constamment avec de l'eau et de la poudre d'émeri. Cet arrosage est facilité par un petit plan incliné en zinc, fixé aux deux clous servant de guides pour faire la section et que notre dessin ne représente pas. Une fois celle-ci faite, on aplanit convenablement la surface sectionnée en la frottant sur une glace dépolie convenablement humectée, et recouverte d'émeri de plus en plus fin. On doit terminer le polissage de cette plaque avec de la potée d'émeri extrêmement fine.

On nettoie soigneusement avec un pinceau et de l'eau distillée cette face ainsi préparée, et on la colle, au moyen du baume de Canada, sur un petit fragment de glace assez épais pour pouvoir être tenu à la main.

Le baume de Canada qui sert au montage de ces plaques est préparé d'une façon spéciale. On commence par le débarrasser complètement de la partie la plus volatile qu'il contient, en en chauffant une petite quantité, 15 à 20 grammes, à une chaleur modérée, dans un petit creuset de porcelaine, pendant une heure environ, jusqu'au moment où il ne donne plus que quelques vapeurs. On s'assure qu'une goutte de ce baume, versée sur un corps froid, se solidifie instantanément, et on retire le creuset du feu en ayant soin de plonger auparavant dans le baume en fusion un morceau d'agitateur en verre qui servira de manche pour manier le culot de baume. On laisse alors refroidir le creuset sous une cloche, à l'abri de la poussière, et lorsqu'il est froid, on le réchauffe brusquement de façon à amener la fusion superficielle du culot de baume ; on le voit alors facilement sortir du creuset, et on le conserve à l'abri de la poussière.

Quand on veut se servir de ce baume, on pose le morceau de glace épaisse sur une plaque de cuivre chauffée par une lampe, et il suffit alors de le toucher avec le culot de baume solide pour qu'une goutte de ce dernier se liquéfie, et adhère à la glace.

Le fragment de roche, dont une face est déjà préparée, étant collé sur cette glace épaisse, on procède à la confection de la seconde face, en l'usant comme précédemment sur une glace recouverte d'émeri et d'eau. On commence par employer de l'émeri grossier, puis on se sert de poudre de plus en plus fine, enfin de potée d'émeri.

Il faut avoir bien soin d'user la plaque parallèlement à la première section de façon à ne pas avoir de biseau. Si l'on possède un tour d'opticien, le travail est beaucoup plus rapide; de plus, on peut coller plusieurs fragments de roche sur une même glace, et les user toutes à la fois jusqu'à une certaine épaisseur. Mais il est bon de terminer le polissage de la seconde face à la main, sur un disque immobile, de façon à s'arrêter exactement au moment voulu, c'est-à-dire lorsque la plaque est assez mince pour que l'on puisse lire au travers; elle a alors de 1 à 3 centièmes de millimètre; les quartz doivent rester gris, et ne plus avoir de couleur de polarisation lorsqu'on les regarde au microscope entre les deux nicols croisés.

Si l'on veut avoir la certitude que cette limite est atteinte, et que la plaque ou le minéral ne présente pas de biseau, on peut user en même temps qu'elle deux petits fragments de quartz qui serviront de témoins.

On peut déjà examiner la plaque à un grossissement de 20 diamètres, alors qu'elle est encore collée sur le fragment de glace épaisse. Lorsqu'on la juge arrivée à la minceur convenable, on la décolle en la faisant chauffer avec précaution, puis on la nettoie au moyen d'un pinceau imbibé d'alcool et de benzine, et on procède à son montage définitif sur un verre ordinaire (43 millimètres sur 51), préalablement muni d'une goutte de baume solidifié, qu'on liquéfie par la chaleur au moment d'y fixer la plaque mince. On recouvre immédiatement le tout au moyen d'une lamelle, et comme le baume se solidifie immédiatement par refroidissement, on peut procéder aussitôt au nettoyage des bords de la plaque comme pour les préparations histologiques. Il est fort important, aussi bien pour le collage du fragment de roche sur la glace épaisse que pour la préparation définitive, qu'aucune bulle d'air ne reste interposée entre le verre et la plaque mince. Si l'on a affaire à une roche friable, il faut laisser séjourner dans du baume de Canada pendant quelques jours le fragment que l'on se propose de monter, et après avoir dressé une face, on fixe cette dernière sur le verre définitif, car il serait trop difficile de la décoller sans la casser.

Lorsqu'on fait une plaque, il est rare que l'on puisse opérer de

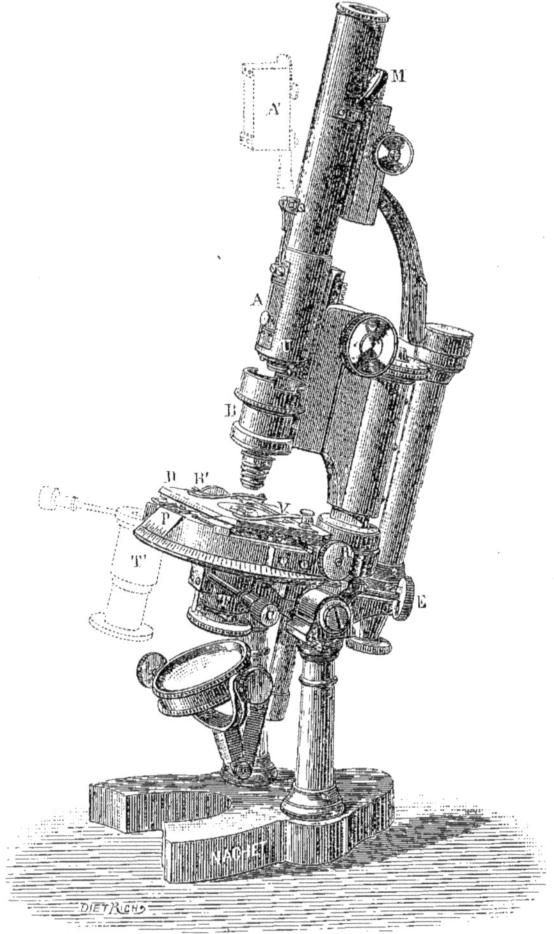

Fig. 3.

telle façon qu'un minéral choisi soit placé dans une direction déterminée à l'avance, au moins d'une façon rigoureuse. A l'œil nu ou mieux à la loupe, on peut cependant quelquefois se rendre compte de l'orientation d'un minéral que l'on veut examiner particulièrement, mais c'est une exception. Le plus souvent donc, les minéraux qui constituent les roches sont rencontrés par la section d'une façon absolument quelconque. Cependant, certaines considé-

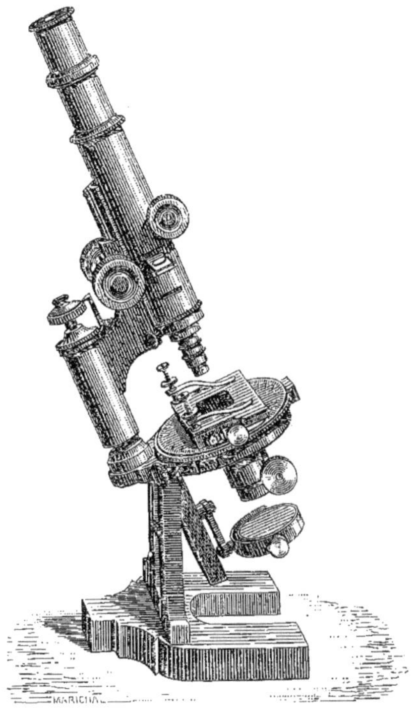

Fig. 4.

rations de forme, d'angles, d'allures, etc., dont nous parlerons plus loin, permettent d'affirmer, dans un grand nombre de cas, ou du moins de fortement soupçonner la *zone* ou direction selon laquelle a été effectuée la section d'un minéral.

Toutes les *zones* de section ne sont pas également favorables pour l'examen d'un minéral. Nous ne nous occuperons ici que des cas les plus ordinaires et les plus caractéristiques. Mais il faut bien savoir, *a priori*, que pas plus qu'en histologie, l'examen microscopique ne donne de certitude mathématiquement absolue, et de même qu'en voyant une cellule isolée on ne peut souvent pas se prononcer sur son identité, de même il n'est pas toujours facile ni même possible de reconnaître la nature d'un minéral dans une roche, quand on n'en examine qu'une seule section. Il faut chercher dans la plaque soumise à l'étude les sections les plus favorables à l'examen qui appartiennent à ce minéral que l'on reconnaît à son aspect et à ses caractères généraux; c'est une remarque fort importante à retenir.

Nous ne décrirons pas en détail le microscope polarisant, la meilleure description ne vaut pas un maniement de quelques heures; mais à propos de chaque mode d'examen, nous expliquerons les précautions qu'il est nécessaire de prendre pour procéder avec certitude. Le modèle que nous aurons toujours en vue dans les descriptions qui vont suivre est celui de M. Nachet (fig. 3). Mais nous devons nous hâter de dire qu'il en existe d'autres très bons, ceux de M. Bertrand ou de MM. Bézu et Hausser (fig. 4), par exemple.

II. — GÉNÉRALITÉS SUR LES PRINCIPALES LOIS OPTIQUES APPLICABLES A LA MINÉRALOGIE MICROSCOPIQUE.

Nous sommes obligé de rappeler ici brièvement, ou même simplement de signaler, quelques principes de physique ou de minéralogie qui seront absolument indispensables à la clarté de ce qui va suivre, sans toutefois avoir la prétention de rien démontrer, ni même de suivre un ordre scientifique.

Lumière blanche naturelle. — On suppose qu'elle est formée par le mélange ou la superposition des couleurs du spectre et qu'elle résulte de l'ébranlement d'un fluide hypothétique, l'*éther*, remplissant les corps et les vides les plus absolus. Les *vibrations* de l'éther s'effectuent perpendiculairement au rayon lumineux. S'il s'agit de lumière naturelle, ce déplacement des particules a une orientation, une direction et une intensité variables, tout en restant dans le plan perpendiculaire au rayon lumineux.

Si la lumière est *polarisée*, les vibrations sont *orientées* et s'effectuent suivant l'intersection du plan perpendiculaire au rayon (plan de l'onde) et d'un autre plan passant par le rayon et par conséquent perpendiculaire au premier.

La *longueur d'onde* λ, d'un rayon de couleur déterminée et dans un milieu donné, est l'intervalle parcouru par l'ébranlement lumineux pendant la durée d'une vibration entière, aller et retour.

Si l'ébranlement lumineux se fait suivant AB, la molécule d'éther A vibre de A en A′, A″, A‴ et B et la longueur d'onde λ est égale à la distance AB parcourue par l'ébranlement lumineux pendant la durée de la vibration du point A, c'est-à-dire pendant le temps que le point A repasse par sa position d'équilibre en B (fig. 5).

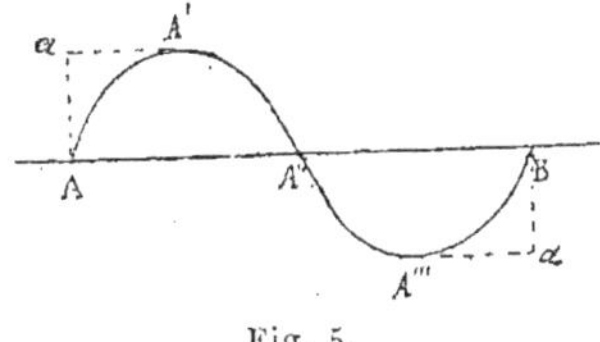

Fig. 5.

La *longueur d'onde* est toujours extrêmement faible, le nombre des vibrations éthérées extrêmement fort. Ainsi, pour la lumière blanche, et dans l'air, la longueur d'onde est en moyenne de 0 mètre, 000 000 5 (5 dix-millioniémes) et le nombre des vibrations de l'éther est de 600 trillions par seconde.

La *coloration* d'une lumière dépend de la durée des vibrations, c'est-à-dire de la longueur d'onde; pour le *rouge* au voisinage de la raie A du spectre, la longueur d'onde = 0,000 000 76; pour le *jaune*, près des deux raies D, elle est de 0,000 000 58; pour l'extrême *violet*, près des raies H, elle n'est plus que 0,000 000 39.

L'*intensité d'une coloration* dépend de l'amplitude des vibrations.

Interférences. — Puisque la lumière dépend de la vibration de l'éther, on comprend que si un point de cet éther est à la fois sollicité à vibrer par deux impulsions exactement de même direction et de même sens, il aura une amplitude de vibration plus grande et la lumière sera plus intense.

Si ce point de l'éther est sollicité à vibrer par deux impulsions de même direction, mais de sens contraires, il aura son amplitude vibratoire diminuée, et sa coloration atténuée. Il pourra même arriver que sa vibration soit complètement anéantie et qu'il y ait *obscurité*.

Pour que cette interférence d'extinction ait lieu, il faut, entre autres choses, que la valeur de λ soit la même pour les deux lumières, ou plutôt qu'elles proviennent de la même source lumineuse, car deux foyers lumineux ne sont jamais absolument identiques.

Si l'on emploie la lumière blanche, l'interférence peut ne se faire que pour un ou deux des rayons simples qui la composent et par conséquent l'interférence aboutira à la production de lumière colorée.

On conçoit donc qu'avec un foyer lumineux que l'on divise en 2 rayons, on puisse obtenir, tantôt une *augmentation* de lumière, tantôt une *diminution* ou même une *extinction*, tantôt enfin une *lumière colorée* résultant de la disparition dans la lumière blanche d'une partie de ses rayons constituants qui ont interféré.

Pour obtenir de la lumière POLARISÉE, on emploie un *nicol* placé au-dessous du porte-objet du microscope. Ce nicol dit *polariseur* est formé de spath d'Islande, substance qui, comme on le sait, possède la double réfraction, et divise le faisceau lumineux qui la traverse en deux rayons vibrant à angle droit l'un de l'autre : un rayon dit *ordinaire* et un rayon dit *extraordinaire*. Par un artifice sur lequel nous n'avons pas à insister, le nicol ne laisse passer qu'un seul de ces rayons, l'*extraordinaire* qui se trouve *polarisé* et dont les vibrations s'effectuent *dans le plan* de la section principale du polariseur; le rayon *ordinaire* est arrêté.

On appelle *section principale d'un nicol*, le plan qui est parallèle à l'*axe* de ce nicol et au rayon incident.

L'*axe principal* du rhomboèdre du spath est la ligne qui joint ses deux sommets *aa* et autour de laquelle le minéral est symétrique. Si un rayon de lumière pénètre exactement suivant cet axe, il reste simple et en sort sans subir de décomposition.

Si un rayon lumineux pénètre dans le spath du nicol dans une autre direction, il est alors décomposé en deux rayons comme nous l'avons vu plus haut; il n'en sort que le rayon extraordinaire polarisé.

On utilise cette action du nicol inférieur employé seul pour examiner le *polychroïsme des minéraux* dont nous parlerons plus tard.

Qu'arrive-t-il si le rayon extraordinaire est forcé de traverser un second nicol semblable au premier? Ce second nicol, dans le microscope polarisant, est tantôt placé au-dessus de l'objectif (modèle Nachet), tantôt au-dessus de l'oculaire (modèles Bertrand, Bezu et Hausser, etc.). Il faut envisager trois positions du nicol supérieur (*analyseur*) par rapport au nicol inférieur (*polariseur*).

1° *Nicols parallèles.* La section principale de l'*analyseur* est placée parallèlement à celle du *polariseur.* Dans ce cas le rayon extraordinaire sorti du polariseur traverse l'analyseur sans être arrêté. Le champ du microscope est clair, les corps amorphes, *isotropes,* les cristaux du système cubique, que l'on examine entre les nicols, ne sont pas éteints.

2° *Nicols croisés.* La section principale de l'analyseur est placée perpendiculairement à celle du polariseur. On dit alors que les *nicols* sont *croisés.* Le rayon extraordinaire sorti du polariseur effectue ses vibrations *perpendiculairement à la section principale* du nicol analyseur, il agit donc vis-à-vis de ce dernier comme un rayon *ordinaire* (1) et il est arrêté. Il y a donc, quand les nicols sont croisés, *obscurité du champ du microscope.* Nous verrons plus loin que si l'on insinue alors entre les nicols une préparation d'un corps amorphe appartenant au système cubique ou à un autre système, mais coupé perpendiculairement à un axe, l'obscurité résistera.

3° *Nicols obliques.* Si les sections principales du polariseur et de l'analyseur sont *obliques* l'une par rapport à l'autre, il y aura nouvelle division du rayon extraordinaire sorti du polariseur qui se partagera : 1° en rayon ordinaire arrêté par l'analyseur, et 2° en rayon extraordinaire qui passera.

Que va-t-il arriver dans ces trois cas si nous interposons entre les deux nicols une plaque d'un minéral ou de toute autre substance?

S'il s'agit d'une plaque de verre ou de toute autre substance *omorphe*, il n'y aura rien de changé, on aura de l'obscurité ou de la lumière suivant que les nicols seront parallèles ou croisés. Car le rayon extraordinaire sorti du polariseur ne se dédoublera pas en passant dans la plaque amorphe où l'*éther est supposé uniformément réparti.*

S'il s'agit d'un *minéral cubique*, il en sera de même, car, ainsi que nous le verrons tout à l'heure, tous les points d'un cristal cubique

(1) La disposition du nicol analyseur étant la même que celle du polariseur, les rayons qui vibrent perpendiculairement à sa surface sont arrêtés.

sont indifférents au sens dans lequel l'ébranlement lumineux les atteint. L'*ellipsoïde d'élasticité* dont il sera question plus bas est une *sphère*, tous les rayons sont égaux, et le rayon issu du polariseur restera simple; aussi appelle-t-on ces cristaux *monoréfringents*. Il sera seulement *réfracté*, c'est-à-dire que la vitesse de sa progression sera changée, comme cela arrive pour le verre homogène. Un cristal cubique restera donc *transparent* (s'il l'est par lui-même) entre les nicols parallèles, *opaque* entre les nicols croisés, et ne se colorera pas si les nicols sont obliques l'un sur l'autre.

Les corps amorphes ou cubiques dans lesquels l'éther lumineux est supposé uniformément réparti sont dits *isotropes*. Dans les autres corps cristallisés, l'éther n'est pas uniformément distribué, ils forment les corps *anisotropes*.

Mais si l'on intercale entre les nicols une lame d'une substance *biréfringente*, c'est-à-dire apartenant aux cinq derniers systèmes cristallisés, le rayon extraordinaire sorti du polariseur ne restera pas simple, il se décomposera en deux autres rayons, l'un ordinaire et l'autre extraordinaire, excepté dans le cas où la plaque du cristal considéré sera taillée *perpendiculairement à un axe optique*.

Nous voici donc en présence de deux nouveaux rayons qui sortent de la plaque mince, mais qui possèdent des vibrations différentes; si ces vibrations s'effectuaient dans la même direction, il pourrait se produire des *interférences*, mais un rayon ordinaire et un rayon extraordinaire vibrent dans des directions *perpendiculaires l'une à l'autre*, ils ne peuvent donc pas interférer.

Pour arriver à ce résultat, c'est-à-dire ramener une partie du rayon extraordinaire et une partie du rayon ordinaire à vibrer dans la même direction et par conséquent à interférer, on emploie le second nicol ou analyseur *croisé* avec le premier. Que se passe-t-il alors ?

Chacun des deux rayons, l'ordinaire et l'extraordinaire, vibrant à angle droit, pénètre dans le nicol analyseur et s'y divise en deux rayons, ce qui fait quatre, deux *ordinaires* qui sont *arrêtés* par le nicol, et deux *extraordinaires* qui se trouvent alors vibrer dans la même direction et *interfèrent* parce qu'ils présentent une différence de phase.

Comme on a affaire à de la lumière blanche, on sait que l'interférence donnera naissance à de la *lumière colorée* dont la teinte et l'intensité dépendront de la nature de la substance en plaque mince, de son épaisseur, et de son orientation par rapport aux axes cristallographiques.

Si, les nicols étant toujours croisés, l'on fait tourner la plaque porte-objet sur laquelle est fixée la lamelle, la *teinte* reste à peu près la même, mais l'*intensité* varie. A un moment donné cette teinte est obscurcie, il y a *extinction* de la section du cristal. Cette extinction se produit au moment où l'un des *axes* de l'ellipse résultant de la section de l'ellipsoïde E (dont nous parlerons plus bas) coïncide avec la direction des sections principales de l'un ou de l'autre nicol. Or comme il y a deux axes (de l'ellipse de section) et deux nicols, on aura donc *quatre positions d'extinction* à *angle droit* les unes des autres. C'est qu'en effet, lorsque le rayon extraordinaire sorti du polariseur rencontre le minéral suivant un de ces deux axes, il ne se dédouble pas, sort de la plaque comme il y était entré, et est arrêté par l'analyseur vis-à-vis duquel il joue le rôle de rayon ordinaire.

Si les deux nicols sont *parallèles,* la section aura son éclat maximum quand un des axes de l'ellipse coïncidera avec la direction des sections principales des deux nicols, ce qui arrive deux fois pour une rotation complète de la plaque.

Les corps *isotropes* (amorphes ou appartenant au système cubique) possèdent une *élasticité optique* qui est la même dans tous les sens; dans les corps *anisotropes*, au contraire, l'impulsion donnée à une particule d'éther lumineux est susceptible de faire naître des forces élastiques capables de dévier le mouvement incident et de changer la direction même du mouvement vibratoire.

Ainsi, lorsque la molécule d'éther lumineux O (fig. 6) est sollicitée par une force OR, il se produira en O une force élastique qui, en général, ne sera pas dans la direction de OR, mais, par exemple, dans celle de OF. Supposons que la longueur OF représente graphiquement la véritable grandeur de cette force élastique, si nous sollicitons le point O, de O en R′, R″ (OR étant égal à OR′, OR″, etc.), c'est-à-dire si le point R décrit une sphère, nous aurons une série de forces élastiques OF′, OF″ telle que tous les points F, F′, F″, etc., se trouveront à la surface d'un ellipsoïde à trois axes dit *ellipsoïde* F ou *des forces élastiques.*

Considérons encore une particule d'éther lumineux O que nous déplaçons comme précédemment de sa position d'équilibre (d'une très petite quantité) en R, la force élastique qui se développe et

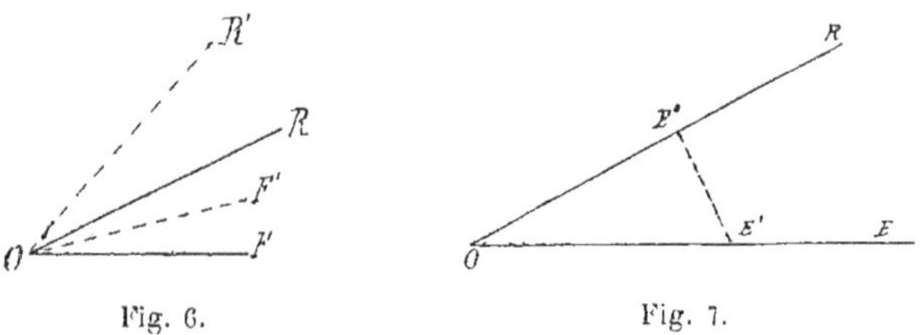

Fig. 6. Fig. 7.

que nous appellerons pour plus de commodité E^2, est représentée en longueur par OE = E′ (fig. 7).

Prenons sur OE′ une longueur OE^2 telle qu'elle soit égale à $\frac{1}{E}$. Projetons OE′ sur la direction du déplacement OR en OE″. Si l'on cherche le *lieu* de tous les points E, on verra qu'ils se trouvent à la surface d'un ellipsoïde, dit *ellipsoïde* E ou *inverse des élasticités* et dont les axes seront les mêmes que ceux de l'ellipsoïde F.

Ce dernier ellipsoïde a une importance capitale pour l'étude des minéraux à la lumière polarisée. C'est toujours la valeur et la situation de ses axes que nous aurons à considérer ; toute section d'un minéral sera ramenée à la section de l'ellipsoïde E de ce minéral ; cette section sera naturellement une ellipse.

Nous avons dit qu'*en général* un déplacement moléculaire de la molécule O d'éther lumineux donnait lieu à une force élastique généralement située dans une autre direction que le déplacement.

Il n'y aura que les déplacements à angle droit, l'un sur l'autre, qui se font suivant les axes de l'ellipsoïde E, qui donneront naissance à des forces élastiques situées dans la même direction. Et si nous considérons un plan passant par le centre de l'ellipsoïde E et le coupant suivant une ellipse, les deux axes de cette ellipse jouiront de la même propriété que les axes de l'ellipsoïde E.

Supposons maintenant (fig. 8) qu'une onde plane passe d'un milieu isotrope (l'air) dans un milieu anisotrope, elle ébranle à la surface de ce milieu une molécule O d'éther qui, en général, réagit avec une force élastique non située dans la même direction. Soit OO′ cette force élastique. Nous savons d'après les principes de géométrie que nous parviendrons à ce même point O′, si nous faisons subir à la molécule O trois déplacements rectangulaires (OA, AB, BO′) égaux à la projection de OO′ sur la direction de ces déplacements considérés comme axes.

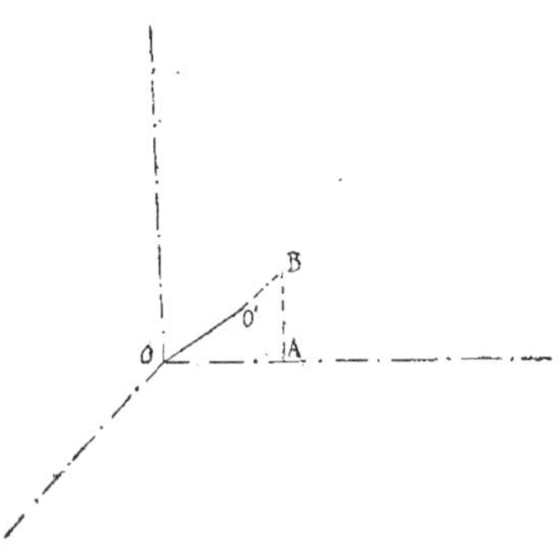

Fig. 8.

Or, décomposons la force élastique OO′ en trois composantes : 1° une normale au plan de l'onde; 2° deux autres dans ce plan, rectangulaires entre elles, et pour ces dernières choisissons les deux axes de l'ellipse de section de l'ellipsoïde E relatif au milieu anisotrope considéré.

La première composante normale à la surface de la substance isotrope n'a aucune influence sur la propagation de la lumière dans ce milieu.

Quant aux autres, elles se transmettent sans altération dans le second milieu, puisqu'elles se trouvent dans la direction des axes; elles subiront seulement un *changement de vitesse*, c'est-à-dire seront *réfractées* chacune d'une façon spéciale.

Les corps anisotropes sont donc biréfringents et donnent lieu à deux rayons réfractés, en général assez peu distincts l'un de l'autre, sauf dans la calcite (spath d'Islande), pour qu'on ne puisse les distinguer à l'œil nu.

On peut donc exprimer ainsi la loi fondamentale de la double réfraction :

A une même direction de propagation normale correspondent deux systèmes d'ondes planes suivant lesquelles les vibrations s'effec-

tuent parallèlement aux axes de la section elliptique déterminée dans l'ellipsoïde E par un plan passant par son centre et perpendiculaire à cette direction, et dont les vitesses de propagation normales sont inversement proportionnelles aux longueurs des axes.

Tout ellipsoïde ayant trois axes à angles droits, il peut se présenter trois cas :

1° Les trois axes d'élasticité sont égaux. Alors l'ellipsoïde n'est autre chose qu'une sphère ; si on imprime un déplacement à une molécule d'éther lumineux, dans un certain sens, sa force élastique agira suivant la même droite. C'est le cas des corps homogènes non cristallins et des cristaux cubiques ;

2° Deux axes de l'ellipsoïde sont égaux entre eux ; dans ce cas, c'est un ellipsoïde dit de révolution autour de l'axe inégal, qui pourra être plus petit ou plus grand que les deux autres. C'est le cas des minéraux cristallisés dans les systèmes quadratique et rhomboédrique ;

3° Si les trois axes sont inégaux, dans ce cas, comme dans le précédent, les ébranlements de l'éther faits suivant les axes se traduisent par une force élastique coïncidant aussi en direction avec ces axes. Mais tout autre ébranlement donnera lieu à une force élastique qui n'aura pas la même direction que le déplacement. C'est le cas des cristaux des systèmes orthorhombique, monoclinique et triclinique.

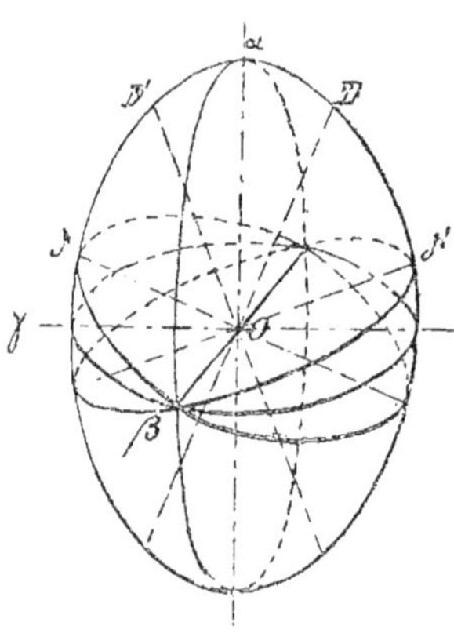

Fig. 9.

Supposons que les trois axes de cet ellipsoïde soient Oα, Oβ, Oγ d'une longueur $\alpha > \beta > \gamma$; α est le plus grand axe d'élasticité, β le moyen, γ le plus petit. Chacun d'eux est perpendiculaire au plan des deux autres (fig. 9).

Envisageons la section elliptique Oαγ qui contient le plus grand et le plus petit axe d'élasticité ; Oβ est perpendiculaire au plan de cette section.

Il existera sur cette section un point δ tel que $O\delta$ soit égal à $O\beta$, c'est-à-dire à l'axe moyen d'élasticité.

Or, si nous menons un plan par $O\beta$ et $O\delta$ qui sont deux droites égales et perpendiculaires entre elles, ce plan coupera l'ellipsoïde O suivant une courbe qui sera un cercle. Il en sera de même pour $O\delta' = O\delta$, et la section $O\delta'\beta$ sera un cercle symétrique du premier, relativement aux axes α et γ. Si sur ces deux cercles (qui se coupent suivant $O\beta$) on élève en O des perpendiculaires OD et OD′, elles seront situées dans le plan des deux axes α et γ ; l'axe α sera la bissectrice de l'angle DOD′ et l'axe γ sera la bissectrice de son supplément. On conserve le nom de *bissectrice* à l'axe d'élasticité qui divise l'angle aigu et qui peut être tantôt α, c'est-à-dire le plus grand axe d'élasticité (*bissectrice négative*) ou γ, le plus petit axe d'élasticité (*bissectrice positive*), et on donne le nom de *normale optique* à la bissectrice de l'angle obtus.

Les lignes OD, OD′ sont les axes optiques du cristal qui est ainsi appelé cristal *biaxe* ou à *deux axes optiques.*

Ces lignes OD et OD′ sont en effet telles, que les ondes lumineuses se propageant suivant leur direction rencontrent partout la même élasticité et par conséquent ne subissent aucune altération.

Ces deux *axes optiques* sont donc pour les cristaux biaxes des directions privilégiées de monoréfringence. Si la section d'un cristal biaxe est faite perpendiculairement à un de ces axes, le rayon extraordinaire sorti du polariseur ne se décomposera pas et, par conséquent, il sera éteint par le nicol analyseur.

Donc, dans les cristaux biaxes, les sections faites perpendiculairement à un des axes optiques restent éteintes entre les nicols croisés.

Il est bien entendu que tout ce que nous venons de dire s'applique à de la lumière monochromatique. L'*angle des axes optiques* (2V) d'un même minéral varie plus ou moins, en effet, suivant la couleur des rayons incidents et suivant la température.

Les roches éruptives se composent de minéraux divers, agglomérés de différentes façons. Nous nous bornons ici à décrire les propriétés principales des minéraux cristallisés vus au microscope simple ou polarisant, sans avoir égard à leur agencement réciproque, ce qui constitue la *pétrographie* proprement dite et sortirait de notre programme. Autant que possible, nous étudierons les propriétés de ces minéraux dans un ordre constant, insistant sur les caractères les plus importants et les plus distinctifs, passant rapidement sur ceux de moindre importance, ou même les omettant complètement.

Nous allons, au préalable, exposer les moyens pratiques d'étudier ces divers caractères.

COMPOSITION, SYSTÈME CRISTALLIN, VARIÉTÉS. — Nous nous contenterons de les nommer, renvoyant, pour les détails, aux traités de minéralogie.

COULEUR, TRANSPARENCE. — Les minéraux ne peuvent pas plus être reconnus à leur couleur au microscope qu'à l'œil nu, d'autant plus que les minéraux les plus colorés sont parfois presque absolument incolores et transparents en plaques minces. Cependant, comme il est convenu que toutes les plaques devront avoir la même épaisseur, une des conditions qui font le plus varier la couleur des minéraux se trouve par cela même éliminée, et, sans y attacher une trop grande importance, nous avons établi une première classification entre : 1° les minéraux toujours ou presque toujours transparents et incolores en plaques minces; 2° ceux qui sont ordinairement transparents et colorés; 3° ceux qui sont opaques.

Pour examiner la couleur des minéraux, on met la préparation *au point* en ayant soin de relever le nicol supérieur. Le nicol inférieur reste en place et ne gêne en rien pour cet examen. On éclaire comme d'habitude en se servant d'un condensateur.

La RÉFRINGENCE d'un milieu est due à un changement de vitesse que subit la lumière en entrant dans ce milieu. Un corps est d'autant *plus réfringent* par rapport à un autre qui l'entoure, l'air par exemple, que la vitesse de propagation de la lumière, dans ce corps, y est moindre que dans l'air.

La surface d'un corps *très réfringent*, vue au microscope, paraît faire saillie au-dessus des autres; on dit alors qu'il a un *relief* considérable; c'est ce qui arrive pour le sphène, le péridot, le zircon, etc.

Le POLYCHROÏSME est la propriété que possèdent certains minéraux d'absorber inégalement les *rayons lumineux polarisés* et par conséquent d'offrir par transparence des couleurs différentes dans les différentes directions selon lesquelles on les considère. C'est un caractère des plus précieux au point de vue du diagnostic de certains minéraux.

Le moyen le plus pratique de s'en rendre compte, c'est de relever ou retirer le nicol analyseur, de conserver le polariseur et de faire tourner le minéral au moyen de la platine tournante, après l'avoir placé au centre du microscope. Il est bon, pour obtenir tout l'effet voulu, que le microscope soit placé bien droit devant la source lumineuse de façon que le plan d'incidence de la lumière réfléchie par le miroir coïncide avec la petite diagonale du nicol polariseur.

Que l'on examine par exemple une section de *mica noir* perpendiculaire au clivage facile, c'est-à-dire parallèle à l'axe du minéral, on verra qu'elle a une couleur *jaune pâle* lorsque les lignes de clivage sont perpendiculaires à la petite diagonale du nicol polariseur, c'est-à dire quand l'axe du minéral est parallèle à cette petite diagonale. Au contraire, le mica paraît d'un *rouge brun* si les lignes de clivage sont parallèles à la petite diagonale du nicol polariseur, c'est-à-dire si nous tournons la platine de 90°. Pour un tour complet de 360°, on aura donc deux positions de teinte faible et deux de teinte foncée à 180° l'une de l'autre.

Biréfringence, teintes de polarisation. — Nous avons vu que lorsqu'on se sert de la lumière blanche ordinaire pour examiner des plaques minces de certains minéraux, on obtient une *polarisation chromatique* due à ce que les différentes radiations qui constituent la lumière blanche ont des longueurs d'onde différentes. Quelques-unes de ces radiations se trouvent éteintes, tandis que d'autres présentent une augmentation d'éclat. La couleur obtenue dans ces conditions dépend pour un même minéral de l'*épaisseur* de la plaque, et son intensité de l'*ellipse de section*, c'est-à-dire de la manière dont le plan de section de la plaque a rencontré les axes optiques du minéral. Il est facile de se rendre compte et de vérifier l'influence de l'épaisseur, il suffit d'examiner entre les nicols croisés une lame de *quartz taillée en biseau* et dont on verra l'usage tout à l'heure sous le nom de *quartz compensateur*. Si l'on examine la partie la plus mince de cette lame, on la verra à peine teintée de gris, puis en allant vers la partie plus épaisse on trouvera successivement le gris bleu, le blanc, le jaune, l'orangé, le rouge, le violet ou *teinte sensible de premier ordre;* en continuant, on trouve la gamme du spectre solaire : violet, indigo, bleu, vert, jaune, orangé, rouge, du deuxième ordre, puis une nouvelle gamme du troisième ordre, etc.

Si, les nicols restant *croisés,* nous faisons tourner la plaque mince du minéral biréfringent, la teinte de polarisation varie d'intensité, mais la couleur n'est pas changée. Il arrive un moment où il y a obscurité ou *extinction*, c'est lorsque l'un des axes de la section elliptique (de l'elliposïde E) devient parallèle à une des sections principales de l'un ou l'autre nicol. Il y aura ainsi quatre positions d'extinction à angles droits les unes des autres.

Si les nicols sont *parallèles*, la couleur présentée par la section du minéral est *complémentaire;* si elle était verte par exemple entre les nicols croisés, elle devient rouge.

Dans les positions intermédiaires, c'est-à-dire les nicols étant obliques l'un par rapport à l'autre, la teinte de la plaque varie entre ces deux couleurs.

A partir d'une certaine épaisseur les plaques ne polarisent plus; il en est de même si elles sont trop minces. Nous avons déjà dit qu'il était très important, c'est-à-dire très utile de travailler avec des plaques toujours de la *même épaisseur*, telle par exemple que les quartz ne polarisent plus qu'en gris. Dans ces conditions les couleurs de polarisations deviennent pour ainsi dire caractéristiques de chaque minéral, et comme ces couleurs sont la mesure de la biréfringence, M. Michel Lévy a même imaginé un appareil dit *comparateur* qui permet de chiffrer exactement la biréfringence d'un minéral donné taillé dans une direction et sous une épaisseur déterminées.

Signe. — Il est possible de se rendre compte si un minéral d'une plaque est *positif* ou *négatif* au moyen de la variation qu'il fait subir à la couleur d'une *lame de quartz* (minéral positif) d'une épaisseur convenable, fixée sur une lame de verre, et taillée parallèlement à son axe (dont la direction est indiquée sur la lame de verre).

Supposons que cette lame de quartz ait une épaisseur telle qu'elle polarise en violet. Si on la superpose à un autre quartz *orienté de la même façon*, d'une faible épaisseur, les deux teintes de polarisation vont s'ajouter et on aura une teinte d'un ordre plus élevé qui sera du bleu, du vert, etc. Tout autre cristal dont l'*allongement* sera positif fera ainsi monter d'un certain nombre de *tons* notre lame de quartz qui, au lieu de paraître violette, deviendra bleue, verte, etc.

Si au contraire l'allongement du minéral examiné est négatif, comme l'apatite, en lui superposant la lame de quartz nous aurons une teinte moins claire que le violet, c'est-à-dire du jaune par exemple.

Pour pouvoir procéder ainsi, il faut que nous connaissions l'*orientation* de notre minéral, et ce n'est pas toujours possible, lorsqu'il n'a pas de clivage ou de forme nettement définie, comme cela arrive par exemple pour le quartz dans le granite.

On comprend aussi que si un minéral polarisant dans un ton élevé présente un petit biseau sur ses bords, ce qui arrive souvent dans les plaques, ces bords dont l'épaisseur va en décroissant paraîtront frangés de couleurs d'un ton moins élevé. On pourra même se rendre compte de cette façon de l'*ordre* dans lequel le minéral polarise, et distinguer par exemple si c'est du violet de la première gamme ou de la seconde, du jaune de premier ordre ou de second. On remarquera qu'il n'y a ni vert ni bleu de premier ordre.

L'EXAMEN A LA LUMIÈRE CONVERGENTE permet dans certaines circonstances de reconnaître si l'on a affaire à un minéral uniaxe ou biaxe et d'en déterminer le signe. Voici comment il se pratique : On commence par mettre le minéral en question exactement à la croisée des fils en employant le grossissement ordinaire (30 à 60 fois). Si ce minéral est bien net, sans macle, sans superposition, et d'assez grande dimension pour occuper tout le champ du microscope, on peut quelquefois se contenter de ce grossissement; sinon, il vaut mieux employer le n° 7 de *Nachet*. On substitue donc cet objectif au n° 3, et après avoir mis au point, on retire l'oculaire et l'on relève le condenseur au point convenable.

Les nicols étant croisés, on regarde dans le tube du microscope (sans oculaire), et en faisant tourner la préparation on aperçoit tantôt une croix noire au milieu d'anneaux brillants, comme par exemple dans la calcite; tantôt deux branches d'hyperboles opposées par leur convexité (amphibole).

S'il s'agit d'un *minéral à un axe optique* unique, c'est-à-dire appartenant aux trois premiers systèmes cristallins, on aura une *croix noire* plus ou moins facile à voir. Parfois cette croix se disloque un peu quand on fait tourner la préparation.

EXAMEN DU SIGNE D'UN MINÉRAL EN LUMIÈRE CONVERGENTE. — Cet examen en lumière convergente nous permet aussi de reconnaître si le minéral qui donne cette croix est positif ou négatif. Pour cela on se sert d'une *lame de mica quart d'onde*, c'est-à-dire d'une lame de mica taillée en rectangle allongé, suivant le minimum d'élasticité. On insinue cette lame, au-dessus de la plaque à examiner, de telle sorte que le côté du rectangle de mica (parallèle à la longueur de la lame de verre) fasse 45° avec les sections principales des nicols.

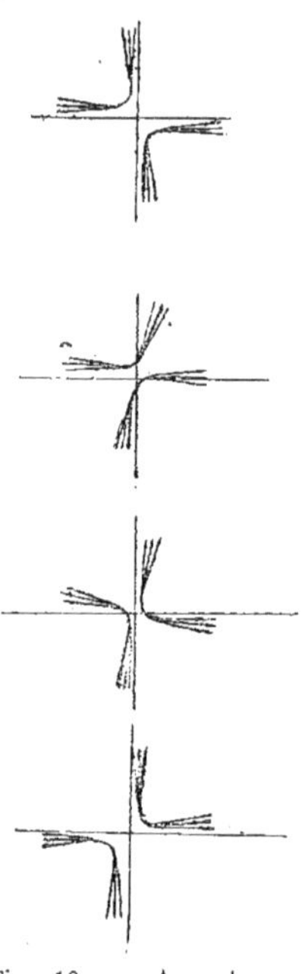

Fig. 10. — Aspect successif des deux branches d'hyperbole dans un minéral biaxe examiné en lumière convergente. (Les axes rectangulaires indiqués ici ne se voient pas en réalité.)

Si le cristal est *positif*, si c'est du *quartz* par exemple, la croix se disloque en deux branches hyperboliques opposées par leur sommet de telle sorte qu'en joignant ces deux sommets, cette ligne forme *la croix* avec la longueur du rectangle de mica. Si le cristal est *négatif*, si c'est de l'*apatite* par exemple (et que la plaque soit assez épaisse pour avoir une croix), la croix se disloque aussi en deux hyperboles, mais la ligne qui en joint les sommets est *parallèle* aux grands côtés du rectangle de mica.

Lorsqu'on a affaire à un *minéral à deux axes optiques*, c'est-à-dire appartenant aux trois derniers systèmes cristallins, en procédant de la même façon, on observe dans un grand nombre de cas, au lieu d'une croix noire, deux branches d'hyperbole qui, toujours opposées par leur convexité, sont plus ou moins écartées l'une de l'autre. En faisant tourner la préparation, ces deux branches se rapprochent ; à un moment donné elles simulent une croix noire, puis s'éloignent de nouveau en occupant par exemple la série de positions représentées ci-dessus (fig. 10).

Suivant la situation des axes optiques par rapport à la section principale du polarisateur on aura parfois, en faisant tourner la préparation, au lieu des hyperboles, soit une droite, soit de simples ombres balayantes dues à une branche de l'hyperbole qui passe dans le champ du microscope.

Forme des sections. — Les minéraux se présentent dans les plaques minces de roches éruptives sous diverses formes : tantôt ils constituent des *plages* dont les contours n'ont rien de régulier, tantôt au contraire ils présentent une *apparence polygonale* en rapport avec leur forme cristalline. On comprend dans ce dernier cas tout le parti que l'on peut tirer de la forme des sections. A propos de chaque minéral nous donnerons les formes les plus habituellement rencontrées dans les roches.

Les minéraux peuvent tantôt se présenter en *grands cristaux* de première consolidation sur lesquels viennent se mouler les autres cristaux ou la pâte amorphe qui constitue la roche. D'autres fois ils sont en cristaux beaucoup plus petits dits *microlithes*, qui ont cristallisé au milieu de la pâte formée d'un magma cristallin ou amorphe.

Les grands cristaux ou les microlithes sont le plus souvent allongés suivant un petit nombre de directions particulières qui leur donnent des propriétés optiques diverses que nous aurons à examiner.

Macles et clivages. — On observe très souvent au microscope des *macles* ou accolements de cristaux suivant certaines faces, des *clivages* faisant des angles variables entre eux et avec les arêtes des sections polygonales. Nous aurons à tirer parti de ces macles et de ces clivages.

Pour mesurer les angles des deux côtés d'une section d'un cristal, ou de deux clivages, il suffit d'amener un des côtés de la section ou une des traces du clivage à coïncider avec un des fils du réticule ; on note alors la position du 0 de la platine tournante, puis l'on voit de combien de degrés il est nécessaire de la tourner pour amener l'autre côté de l'angle à être parallèle au même fil.

On opère d'une façon analogue si l'on veut déterminer l'angle d'extinction d'un minéral par rapport à une ligne de macle, à un clivage, à un côté du polygone formé par la section, à l'arête suivant laquelle il est allongé, etc. On amène à faire coïncider avec un fil du réticule la ligne de macle, le clivage, l'arête, etc., et l'on note la position du zéro; puis on tourne la platine dans un sens ou dans l'autre jusqu'à ce que le minéral paraisse complètement éteint, et l'on note de nouveau la position du zéro; l'angle dont il a fallu tourner est l'angle d'extinction de ce minéral par rapport à la ligne de macle, à l'arête que l'on considère.

D'une façon générale, on sait que les *extinctions* d'une lame mince se font suivant la bissectrice des angles formés par les projections des deux axes optiques sur la section du minéral. Ces bissectrices, on se le rappelle, sont les deux axes de l'ellipse résultant de la section de l'ellipsoïde E. S'il n'y a qu'un axe optique, il n'y aura pas d'angle, l'extinction se fera suivant la projection de cet axe optique sur le plan de la lame mince.

Or nous savons que dans les divers systèmes cristallins il existe des relations entre les axes d'élasticité qui sont les axes principaux de l'ellipsoïde E sur lequel nous avons insisté, et les axes cristallographiques. La section du minéral réduit en plaque mince représente un polygone dont les côtés ont des relations spéciales avec les axes de l'ellipse qui résulte de la section de l'ellipsoïde. C'est de ces relations que nous tirerons parti pour le diagnostic des minéraux au moyen de leur angle d'extinction par rapport à une arête, à un côté du polygone, etc.

Les faces les plus importantes sont p, g^1, h^1, et les zones parallèles aux arêtes de ces faces. Dans les systèmes autres que le système hexagonal, les faces p, g^1, h^1 déterminent par leurs intersections réciproques les axes cristallographiques, et dans le système hexagonal elles sont en relations simples avec la symétrie du cristal.

Zones. — On dit qu'une section d'un cristal a lieu suivant la *zone* ph^1, h^1g^1, pg^1, quand cette section est faite suivant un plan parallèle à l'arête ph^1, h^1g^1, pg^1.

Passons rapidement en revue les particularités principales que nous présentent les divers systèmes cristallins au point de vue de la *forme des sections*, de la *symétrie*, des *extinctions*, de la situation des axes optiques, etc.

Système cubique. — Dans les minéraux de ce système, l'ellipsoïde E est une sphère, les trois axes étant égaux : toute direction peut être considérée comme un axe de symétrie cristallographique, d'élasticité et optique.

Les sections sont polygonales, toujours éteintes entre les nicols croisés ; elles ne se distinguent donc des sections des corps amorphes que par leurs contours polygonaux. Toutefois, il faut savoir que même ces dernières peuvent avoir une forme polygonale lorsqu'elles se moulent sur des cristaux anciens.

Système quadratique (prisme à base carrée). — Les sections sont en général carrées, rectangulaires ou octogonales.

Les sections parallèles à la base p sont constamment éteintes.

Celles des zones ph^1, h^1h^1 sont des rectangles qui s'éteignent suivant leurs côtés.

Système rhomboédrique ou hexagonal. — Il y a un axe de symétrie qui est en même temps l'axe optique unique ; l'ellipsoïde E est de révolution autour de cet axe AB.

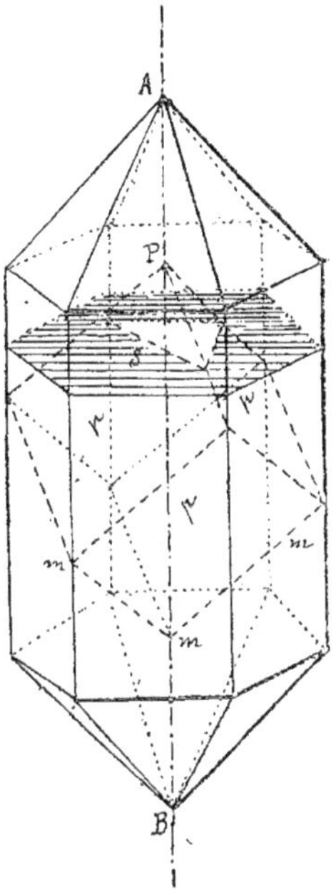

Les sections *constamment éteintes* sont perpendiculaires à cet axe optique unique. Suivant que le minéral a la forme du rhomboèdre ou du prisme hexagonal (fig. 11), elles sont elles-mêmes en forme de triangles équilatéraux, d'hexagones ou de dodécagones réguliers.

Fig. 11. — Prisme hexagonal pyramidé et rhomboèdre primitif. — AB, axe unique ; P, base du prisme (système hexagonal) ; m, m, faces du prisme (id.) ; p, p, faces du rhomboèdre primitif ; S, section perpendiculaire à AB.

Si le prisme n'est pas surmonté d'un sommet, les sections obliques du prisme donnent des hexagones allongés lorsque les six faces du prisme ou cinq d'entre elles et une des bases sont rencontrées par la section (fig. 12). On a des rectangles s'éteignant suivant leurs côtés si les deux faces du prisme et les deux bases sont coupées par la section.

Dans la zone ph^1 on a donc des hexagones ou des rectangles symétriques suivant deux axes rectangulaires et s'éteignant suivant ces axes.

Dans la zone h^1h^1 on a des rectangles s'éteignant suivant leurs côtés.

Système du prisme droit a base rhombe (*orthorhombique*). — Il y a trois plans de symétrie p, h^1, g^1, dans lesquels sont compris les axes

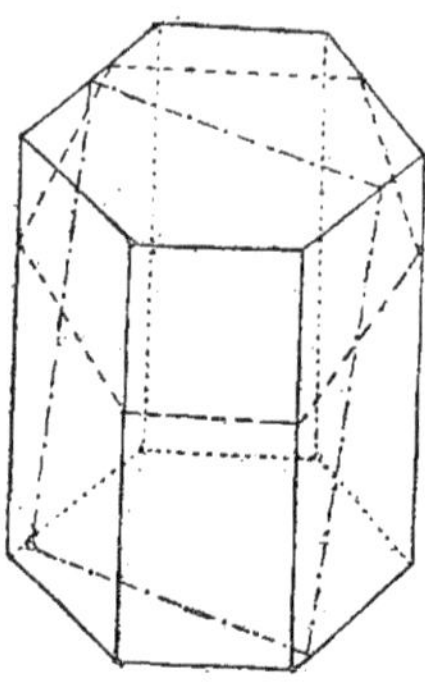

Fig. 12. — Prisme hexagonal coupé par deux plans donnant, le premier une section hexagonale (le plan sécant coupe la base et cinq faces); le second, un rectangle (le plan sécant coupe les deux bases et deux faces).

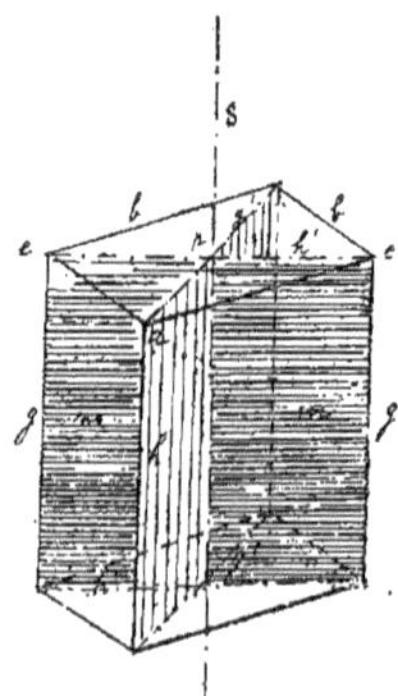

Fig. 13. — Prisme droit à base rhombe. — *s*, axe; *p*, bases du prisme (rhombes); *m,m*, faces du prisme (rectangles); *a,a*, angles solides formés par trois angles plans : 1° l'angle obtus de la base et les deux angles droits du prisme; *e,e*, angles solides formés par trois angles plans : 1° l'angle aigu de la base et les deux angles droits du prisme; *b,b,b,b*, les quatre arêtes de la base (égales entre elles); *g,h*, arêtes du prisme; g^1, diagonale et plan diagonal opposés à l'angle aigu (hachures verticales); h^1, diagonale et plan diagonal opposés à l'angle obtus (hachures horizontales).

optiques. L'ellipsoïde E a trois axes inégaux qui ont la même direction que les axes cristallographiques et qui sont : les deux diagonales g^1, h^1 et la perpendiculaire aux plans g^1 et h^1.

Les sections perpendiculaires aux axes optiques et constamment éteintes entre les nicols croisés sont des rectangles et font partie de l'une des zones ph^1, pg^1, h^1g^1.

Les sections suivant les zones ph^1, pg^1, h^1g^1 donnent des rectangles qui s'éteignent suivant leurs côtés. En dehors des précédentes, il n'y a pas de sections en zones qui soient symétriques par rapport à deux axes rectangulaires.

Système du prisme oblique a base rhombe (*monoclinique*). — Il n'existe qu'un plan de symétrie g^1 perpendiculaire à un des axes cristallographiques, l'orthodiagonale h^1. Le plan g^1 contient les autres axes cristallographiques et les axes d'élasticité, mais ces axes ne coïncident pas entre eux.

Si les axes optiques sont compris dans g^1, les sections constamment éteintes appartiennent à la zone ph^1 et sont symétriques par rapport à deux axes rectangulaires.

Si les axes optiques sont compris dans h^1, les sections constamment éteintes seront ordinairement dissymétriques.

La zone ph^1 donne des sections symétriques à la fois suivant la trace du plan g^1 et suivant h^1, sections qui s'éteignent suivant ces deux directions.

Les autres sections symétriques ne s'éteignent plus suivant leur axe de figure, et les angles d'extinction doivent être étudiés pour chaque cas particulier.

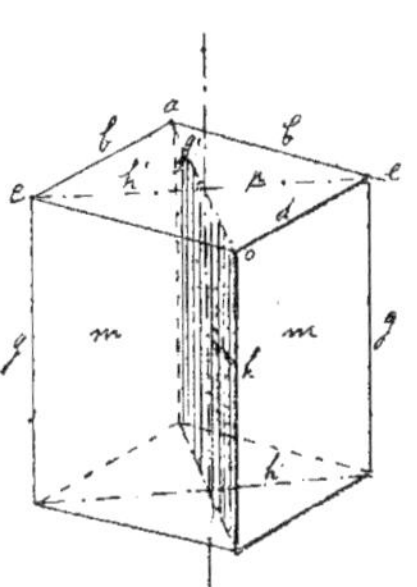

Fig. 14. — Prisme oblique à base rhombe. — p,p, bases du prisme (rhombes) ; m,m, faces du prisme (parallélogrammes); o,o, angles solides formés par trois angles plans obtus, ou deux obtus et un aigu; a,a, angles solides formés par trois angles plans, dont deux aigus et un obtus ou tous les trois aigus; e,e, angles solides symétriques; g^1, plan de symétrie (hachures verticales); h^1, orthodiagonale.

Système du prisme doublement oblique (*triclinique*). — Il n'y a aucune relation générale fixe entre les positions des axes cristallographiques d'une part et celles des axes d'élasticité et optiques de l'autre. Il nous faudra les établir pour chaque cas particulier.

Aucune zone n'est composée de sections symétriques par rapport à deux axes rectangulaires, et aucune relation n'est nécessaire entre les contours polygonaux des sections et leurs extinctions. Mais nous connaissons les angles d'extinction de quelques faces remarquables par rapport aux arêtes principales, et nous en tirerons parti principalement pour la détermination des feldspaths.

III. — PROPRIÉTÉS DES PRINCIPAUX MINÉRAUX DES ROCHES.

1° Minéraux ordinairement transparents en plaques minces.

INCOLORES A LA LUMIÈRE NATURELLE.

Silice. — Elle se présente dans les roches à l'état anhydre et à l'état hydraté, cristallisée ou amorphe, et constitue le quartz, l'opale, la calcédoine et la tridymite.

Le **quartz** est de l'acide silicique pur SiO^2, il cristallise dans le système rhomboédrique et affecte des formes hexagonales bien connues. *Variétés :* hyalin, enfumé, améthyste, rose jaune, rouge, hyacinthe, chrysoprase (quartz vert), etc.

Incolore en lames minces, *transparent*, résiste aux causes de destruction qui attaquent les feldspaths.

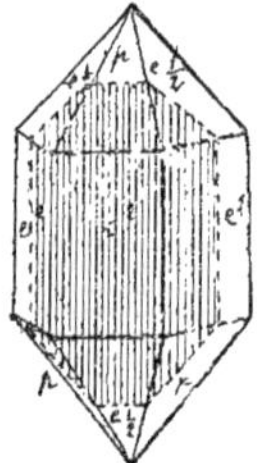

Fig. 15. — Quartz en prisme hexagonal, bipyramidé. Les hachures indiquent la forme d'une section parallèle aux arêtes du prisme.

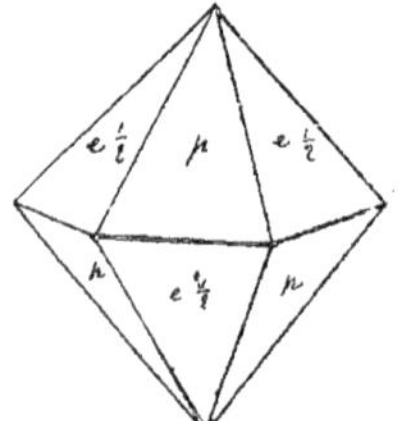

Fig. 16. — Quartz bipyramidé.

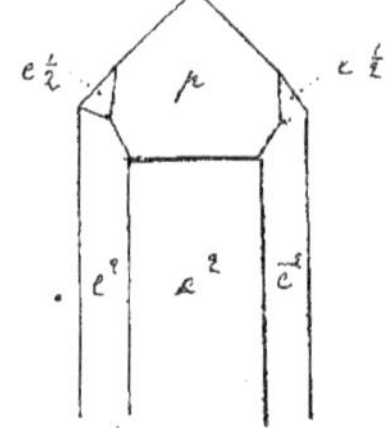

Fig. 17. — Quartz hexagonal pyramidé dans lequel la face *p* a pris un développement exagéré.

Contient de nombreuses *inclusions :* gazeuses à forme de bulles arrondies, *liquides* à bulles de gaz mobiles extrêmement fréquentes, disposées à la suite les unes des autres et caractéristiques ; parfois solides : chlorite, rutile, mica, etc.

Le quartz est peu *réfringent*, aussi a-t-il peu de relief et n'est nullement *polychroïque*.

Nous avons dit qu'afin de pouvoir tirer un parti utile des teintes de polarisation des minéraux, nous supposions que les plaques avaient été taillées assez minces pour que le quartz ne polarise plus qu'en gris bleuâtre.

Si les plaques sont plus épaisses, le quartz est doué de couleurs vives de polarisation : jaune, bleu, violet, etc.

Le quartz ne se *macle* pas, mais il y a souvent pénétration irrégulière des cristaux qui sont séparés les uns des autres par des lignes sinueuses.

La forme des *sections du quartz* dépend de son état dans les roches.

Le quartz est un minéral à un ase positif. Les sections constamment éteintes sont celles qui sont perpendiculaires à l'axe, c'est-à-dire parallèles à la base *p* du prisme. Les sections rectangulaires s'éteignent suivant un côté du rectangle. D'une façon générale, il y a extinction suivant la projection de l'axe optique sur le plan de la section (fig. 11 et 12).

On peut distinguer dans les roches : 1° le quartz ancien ou de première consolidation; 2° le quartz de seconde consolidation; 3° le quartz développé par action secondaire.

Le quartz de *première consolidation* ou en *grands cristaux* anciens,

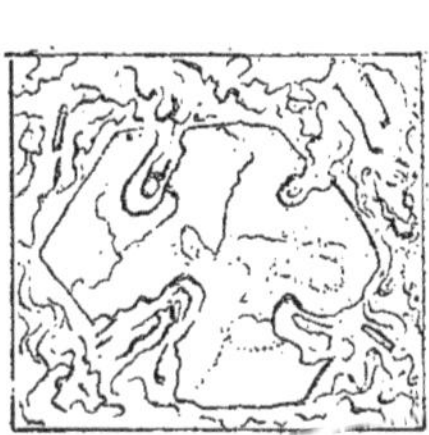

Fig. 18. — Grand cristal de quartz de première consolidation, corrodé, usé, avec cavités remplies de la matière fluide voisine.

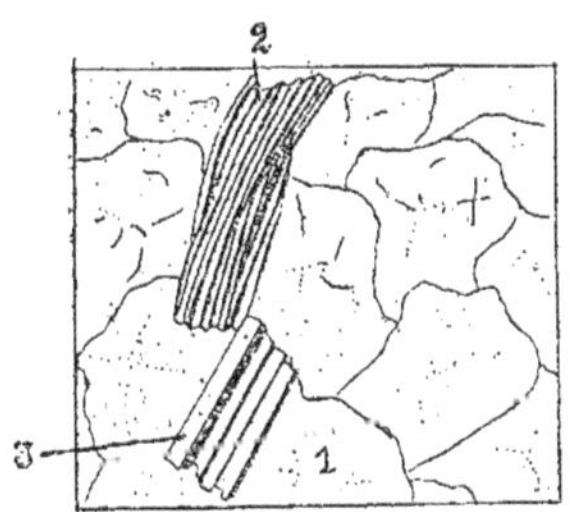

Fig. 19. — 1, quartz granitique en grandes plages moulant les autres éléments : le mica noir (2) et l'oligoclase (3).

souvent cassés, usés ou corrodés, se compose de grains bipyramidés (fig. 18) à angles arrondis et émoussés, creusés parfois de cavités dans lesquelles vient pénétrer le magma voisin.

Le quartz de *seconde consolidation* est le plus fréquent, on le subdivise en : 1° *Quartz granitique* (fig. 19), composé de grandes *plages* sans formes cristallines apparentes, se moulant sur les autres éléments de la roche, d'orientations différentes, présentant au moment de leur extinction un aspect moiré et renfermant de grandes traînées d'inclusions liquides.

2° *Quartz granulitique*. Au lieu de larges plages s'éteignant en une seule fois, on a affaire à de petits cristaux presque hexagonaux, raccourcis, orientés chacun d'une façon différente, qui s'éteignent indépendamment les uns des autres. Si l'on a laissé une plus grande épaisseur aux plaques, le quartz polarise dans les teintes vives et se présente alors sous l'aspect d'une mosaïque brillamment colorée (fig. 20).

Dans les *pegmatites*, qui ne sont qu'une variété des granulites, les

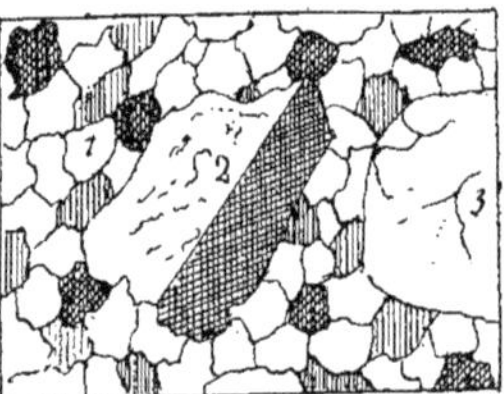

Fig. 20. — 1, quartz granulitique en granules diversement orientés, entourant un cristal d'orthose (2) maclé dont un des éléments est éteint et un cristal de quartz de première consolidation (3).

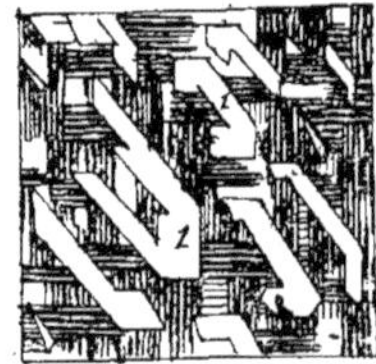

Fig. 21. — Quartz pegmatoïde : les cristaux allongés suivant les arêtes du prisme s'éteignent tous simultanément. Le fond est formé de feldspath microclive.

cristaux du quartz ont de véritables contours cristallins, sont allongés suivant les arêtes du prisme, tous orientés de la même façon, et par conséquent s'éteignent en même temps. Ils affectent des apparences cunéiformes, triangulaires.

Quand les quartz granulitique et pegmatoïde ont de très petites dimensions, ils sont dits micro-granulitiques et micro-pegmatoïdes (fig. 342). Souvent alors ils forment une couronne cristalline autour des grands cristaux de consolidation ancienne.

Le *quartz de corrosion* est celui qui s'infiltre dans les éléments ambiants, les feldspaths, par exemple, sous forme de prolongements globuliformes. Il est tantôt formé d'une plage unique s'éteignant en une seule fois, tantôt de grains d'orientations diverses.

Le *quartz globulaire* est constitué par des houppes radiées entourant un cristal de quartz ancien. Ces houppes s'éteignent entre les nicols en même temps que le quartz central. Elles ne sont que rarement formées par de la silice pure, mais le plus souvent elles contiennent des matières feldspathiques et ferrugineuses et parfois même de petits microlithes de feldspath. Le débris de quartz central peut faire défaut; parfois aussi on observe des zones d'accroissement concentriques, enfin ces globules peuvent passer insensiblement à l'état granulitique.

Fig. 22. — Quartz globulaire. — 1, cristal de quartz ancien ; 2, houppes radiées de quartz globulaire ; *m*, microlithes feldspathiques.

L'**opale** est formée par de la silice hydratée, amorphe; en lumière naturelle, elle apparaît nuageuse et le plus souvent contient de nombreuses impuretés. Elle n'exerce aucune action sur la lumière polarisée excepté lorsqu'à l'état *hyalitique* (transparent) elle est formée de couches concentriques douées de tensions différentes (On sait que les corps amorphes à l'état comprimé deviennent biréfringents). Elle forme les sphérolithes qui présentent une croix noire située dans les plans principaux des nicols et qui se déplace lorsqu'on fait tourner un des nicols.

La **calcédoine** se montre au microscope comme un mélange de quartz anhydre cristallisé en aiguilles radiées extrêmement fines, et d'opale interposée. Ces fines aiguilles de quartz se groupent en zones concentriques ou en sphérolithes qui prennent entre les nicols croisés des couleurs vives, ou montrent la croix noire estompée des sphérolithes d'opale.

On donne le nom de **quartz secondaire** au quartz qui épigénise un grand nombre de minéraux. Il peut être *grenu*, et absolument analogue au quartz granulitique, *globulaire* ou *calcédonieux*. Le quartz secondaire concrétionné des filons métallifères se montre sous forme de plages de dimensions variables formées par des cristaux maclés irrégulièrement et dont les extinctions se font très près les unes des autres.

La *tridymite* est une variété de quartz cristallisant dans le système triclinique sous forme de petites lamelles hexagonales imbriquées les unes au-dessus des autres, trop minces pour agir sur la lumière polarisée.

DIAGNOSTIC. — Le quartz, selon ses formes, peut être parfois confondu avec le feldspath, la wernerite, l'olivine, l'émeraude, la topaze.

L'absence de clivages dans le quartz *granulitique* le distingue des wernerites qui ont deux clivages *m m*; à l'état de *grands cristaux* ces clivages le distinguent également de l'émeraude qui en a deux suivant *p* et *m* marqués par des fentes où se montrent des commencements de kaolinisation. La topaze possède presque toujours des contours extérieurs caractéristiques.

Le quartz, en grands cristaux dépourvus de contours, se distingue de l'olivine, qui est plus réfringente, a plus de relief et une surface plus rugueuse ; souvent aussi, elle présente un commencement de serpentinisation ou la mince bandelette habituelle jaune, d'oxyde de fer, le long de quelque fissure ou d'un de ses bords.

Le quartz calcédonieux ou grenu se distingue de la néphéline en ce qu'une goutte d'acide chlorhydrique attaque cette dernière.

Le quartz granulitique peut être confondu avec le feldspath lorsque ce dernier n'est pas maclé et n'a pas de contours extérieurs nets.

Il faut se rappeler que le feldspath ne contient pas d'inclusions à bulles liquides, qu'il est généralement beaucoup plus impur que le quartz.

Feldspaths. — Nous examinerons successivement les feldspaths : orthose, microcline, albite, oligoclase, labrador, anorthite. L'*orthose* seul est *monoclinique;* les autres sont *tricliniques.*

Tous sont *incolores, transparents*, parfois salis par un commencement de kaolinisation.

La *réfringence* est faible, le *polychroïsme* nul.

La *biréfringence* est de 0,008, sauf pour l'anorthite = 0, 01 ; les *teintes de polarisation* sont plus vives que celles de la néphéline, moins vives que celles du quartz, aussi dans les plaques un peu épaisses, alors que le quartz polarise en jaune, les feldspaths polarisent en gris.

Les grands cristaux sont développés suivant la face g^1 ; les microlithes sont le plus souvent allongés suivant $p\ g^1$; dans cette zone les angles d'extinction permettent le plus souvent de les distinguer les uns des autres.

La seconde zone importante à considérer est la zone $p\ h^1$ (voir fig. 14) ou plutôt, pour les feldspaths tricliniques, une zone voisine, ayant pour arête une perpendiculaire à g^1 (il s'en faut de quelques degrés seulement que h^1 ne soit pas perpendiculaire à g^1). Cette zone comprend toutes les sections dans lesquelles deux lamelles hémitropes, suivant la loi de l'albite, s'éteignent symétriquement de part et d'autre de la ligne de macle.

Si le feldspath n'est pas maclé, cette zone est encore précieuse parce qu'elle présente des sections presque rectangulaires (3 degrés de différence pour les feldspaths tricliniques).

Dans l'orthose, la section h^1 est un rectangle, son extinction a lieu rigoureusement suivant les côtés du rectangle.

Dans l'albite, elle se fait à environ 15° de l'arête $p\ h^1$; dans l'oligoclase à 18° ; et dans le labrador à 31° de cette même arête.

Orthose. — *Composition.* — Silicate d'alumine et de potasse ; *variétés : orthose* proprement dit, *sanidine*, *adulaire*.

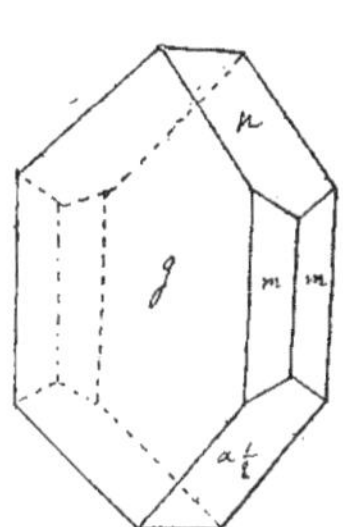

Fig. 23. — Orthose aplati suivant g avec grand développement de la face g^1.

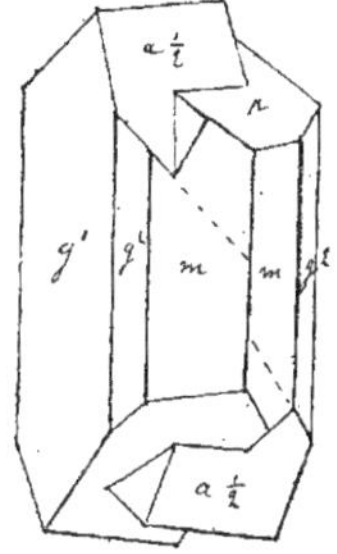

Fig. 24. — Macle de Carlsbad. Face de composition g^1 et rotation de 180°.

Forme cristalline. — Monoclinique, angles : $m\ m$ sur $h^1 = 118°-48$, $p\ h^1 = 116°-7'$.

Les *couleurs* du feldspath n'ont pas d'influence sur les plaques minces. L'orthose proprement dit, d'un aspect laiteux à l'œil nu, se montre sillonné par des fentes remplies d'impuretés ou de produits de kaolinisation.

La *biréfringence* de l'orthose est, comme pour tous les feldspaths, de 0, 008, c'est-à-dire un peu moindre que celle du quartz.

Allongement. — Les cristaux et surtout les microlithes sont allongés suivant la diagonale inclinée parallèle à $p\,g^1$ qui se reconnaît généralement à la longueur des sections et au parallélisme de traces de clivage p et g^1 ; autre zone importante : ph^1.

Il y a deux *clivages* faciles à angle droit, suivant p et g^1 (fig. 23).

Macle de Carlsbad (fig. 25 et 26), face de composition g^1 et axe de rotation $h^1\,g^1$.

Macle plus rare de *Baveno* suivant $e\frac{1}{2}$ et axe de rotation perpendiculaire (fig. 26 et 27). Cette macle donne des sections triangulaires ou se pénétrant en forme de croix.

Dans la zone pg^1 les *extinctions* varient de g^1 à p entre 5° et 0°. Les microlithes allongés suivant pg^1 ont souvent des sections

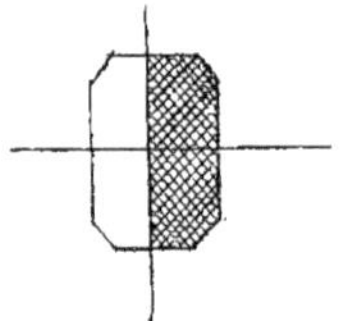

Fig. 25. — Coupe de la macle de Carlsbad.

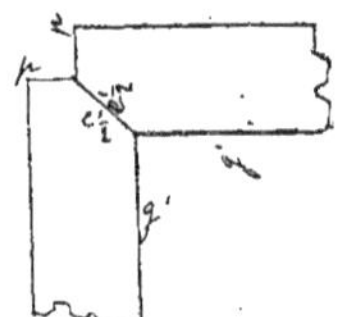

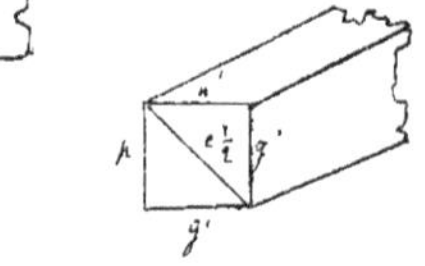

Fig. 26 et 27. — Macle de Baveno (suivant $e\frac{1}{2}$).

transversales rectangulaires avec clivages et extinctions parallèles aux côtés.

Dans la zone ph^1 les sections sont symétriques, les clivages pg^1 s'y croisent constamment à angle droit, les extinctions ont lieu suivant ces clivages.

Dans la *macle de Carlsbad :*

1° Si l'on est dans la zone $h^1\,g^1$, les clivages $g^1\,g^1$ sont parallèles à la longueur de la macle, les clivages $p\,p'$ font entre eux un angle de 127° à 180°; les deux cristaux maclés s'éteignent toujours *symétriquement* par rapport à la ligne de *macle* sous des angles variables suivant que l'orthose est ou non déformé.

2° *Dans la zone* $p\,g^1$, l'un des cristaux a les traces de ces deux clivages parallèles entre elles et à la ligne de macle; dans l'autre cristal le clivage $g^{1'}$ est parallèle à ceux du premier cristal, le clivage fait avec le premier un angle variant de 52° à 90°. Les extinctions se font du même côté de la ligne de macle, de 5° pour le premier et de 47° pour le second jusqu'à 0°.

Dans la zone ph^1, les clivages sont à angles droits parallèles entre eux deux à deux ; les extinctions se font parallèlement à la macle.

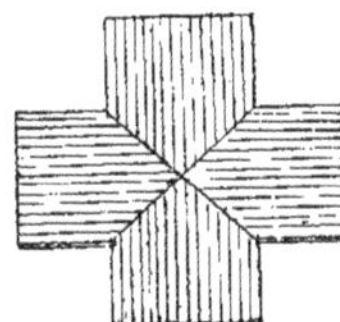

Fig. 28. — Macle de Banevo et de l'albite, section h^1.

Fig. 29. — Macle du péricline et de l'albite, section p, zone ph^1.

Dans la macle de Baveno, si l'on est *dans la zone* pg^1 (la seule importante), les clivages sont parallèles à la longueur, et les extinctions se font au plus à 5° de la longueur.

Dans les roches, l'orthose se présente à l'état :

1° De grands cristaux de première consolidation ;

2° De plages granitoïdes de seconde consolidation affectant des états granulitique et pegmatoïde analogues à ceux du quartz. Il est

Fig. 30. — Sanidine fendillée avec zones concentriques et pores à gaz.

Fig. 31. — Groupe de microlithes d'orthose vitreux en rectangles trapus peu allongés et s'éteignant suivant les côtés.

généralement alors beaucoup plus impur que le quartz. Une variété vitreuse, la *sanidine* (fig. 30), se rencontre en grands cristaux et en microlithes, les grands cristaux sont formés de zones concentriques emboîtées les unes dans les autres et ne s'éteignent pas en même temps. L'orthose ordinaire présente parfois aussi, mais à un degré moindre, cette structure zonée.

3° De microlithes, rarement maclés, relativement assez peu allongés suivant l'arête pg^1 et présentant par conséquent des formes *trapues* et des sections rectangulaires différentes de celles des feldspaths tricliniques; les extinctions de ces sections se font suivant les côtés du rectangle.

Signe. — L'orthose est *négatif*, c'est-à-dire que le plus grand axe d'élasticité sert toujours de bissectrice aux axes optiques, dont la position varie avec les diverses espèces d'orthose.

On trouve principalement l'orthose dans les roches acides, c'est-à-dire contenant du quartz libre, avec le microcline, l'albite et l'oligoclase.

Gneiss glanduleux. — Noyaux allongés suivant pg^1. Parfois grands cristaux, sans forme définie, brisés, contenant du mica ancien, ou même remplis d'un magma granulitique de quartz, feldspath et mica (gneiss granulitiques).

Granite ancien. — Cristaux de première consolidation et plages granitoïdes de seconde consolidation.

Granulites et microgranulites. — Première consolidation, allongement h^1g^1, macle de Carlsbad.

Les plages granitoïdes de deuxième consolidation de ces roches sont : 1° à l'état *granulitique* (petits cristaux raccourcis); 2° *pegmatoïde*, le feldspath cristallisant en même temps que le quartz.

Syénites, micaschistes, syénite éléolithique avec microcline, oligoclase, néphéline.

Porphyres pétrosiliceux. — Orthose vitreux à clivages réguliers.

Rhyolithes; porphyres siénitique et porphyrites. — Orthose adulaire à zones d'accroissement.

Trachytes, andésites et *phonolithes.* — Grands cristaux et microlithes de *sanidine* rectangulaires, allongés suivant pg^1; extinction en long.

Microcline. — Le microcline est un feldspath de même composition chimique que l'orthose qu'il accompagne très fréquemment. On a même considéré l'orthose comme un microcline à éléments extrêmement petits. L'angle des deux clivages p et g^1 est de 60°16'.

Il est formé par des cristaux toujours maclés suivant la loi de l'albite et du périkline (fig. 31).

La macle de l'*albite* a pour face de composition g^1 avec axe de rotation perpendiculaire.

La macle du *périkline* a pour face de composition p, avec axe de rotation ph^1. La rotation des deux macles est de 180°.

Quand ces deux macles se superposent et s'associent intérieurement, comme c'est le cas du microcline, il en résulte quatre séries de lamelles hémitropes qui s'éteignent simultanément deux à deux, à angle droit ; un système chevauchant sur l'autre, de telle sorte qu'il est impossible même aux plus forts grossissements de les séparer l'un de l'autre (fig. 32).

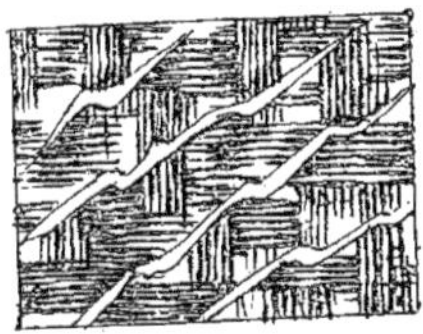

Fig. 32. — Microcline traversé par des filonnets d'albite.

Les caractères du microcline sont ceux des autres feldspaths, mais son aspect entre les nicols croisés est tellement *caractéristique* qu'il ne peut être confondu avec aucun autre.

La superposition *intime* des deux systèmes de macles lui donne l'aspect quadrillé d'un *satin moiré* dont les lignes de moire sont à angle droit les unes sur les autres.

Souvent le microcline est traversé par des *filonnets* d'un autre feldspath, ordinairement l'*albite* (fig. 32).

Il est constamment associé à l'orthose ; dans les sections parallèles à p, l'orthose s'éteint parallèlement à l'arête pg^1 et le microcline à 15° 30′.

Dans les sections parallèles à g^1, l'orthose et le microcline s'éteignent à 5° environ de l'arête pg^1, et les filaments d'albite beaucoup plus obliquement, à 19° de cette même arête.

Albite. — L'albite est un feldspath sodique, triclinique, dont les caractères sont ceux des autres feldspaths tricliniques.

Caractères particuliers. — Angles de clivages faciles : $pg^1 = 93°$.

Rare dans les roches, surtout à l'état de cristaux de première consolidation.

Dans la zone perpendiculaire à g^1 il se distingue mal de l'oligoclase, il traverse en filaments le microcline et l'orthose.

Dans certaines andésites et porphyrites, il existe sous forme de microlithes allongés, filiformes, rarement maclés, qui dans la zone ph^1 s'éteignent sous un angle maximum de 15°.

L'oligoclase est un feldspath sodique avec chaux et traces de potasse.

Angles des clivages faciles = 93°30′; très grand écartement des axes optiques.

Dans la zone pg^1, parallèle à un axe principal d'élasticité, l'extinction s'y produit suivant pg^1, c'est-à-dire *parallèlement à la longueur des microlithes.* Ce qui s'exprime en disant que l'oligoclase s'éteint en long.

Si les cristaux sont maclés, l'extinction des lamelles hémitropes est simultanée et parallèle à la ligne de macle.

Dans la zone *perpendiculaire à* g^1, si l'on considère les cristaux dont les extinctions se font symétriquement de part et d'autre de la macle, on aura au maximum de chaque côté 18°30′, c'est-à-dire en tout 37°. Ce dernier maximum correspond au plan de zone perpendiculaire à pg^1.

Il se trouve 1° en *grands cristaux* de première consolidation; 2° en *microlithes* de seconde consolidation.

1° Grands cristaux, macle de l'albite ou du périkline, lamelles hémitropes très nettes d'*épaisseur régulière;* mais un des systèmes peut être extrêmement fin (caractère distinctif).

2° Microlithes, pas toujours maclés (ceux du Labrador le sont toujours). Allongement *toujours suivant* pg^1 *et extinction en long.* Cristaux allongés et de structure fibreuse, ce qui les distingue de ceux de l'orthose, qui sont plus raccourcis et plus larges.

Dans les granites, l'oligoclase de première consolidation a ses cristaux plus petits que ceux de l'orthose.

Les roches basiques de la série granitoïde (dolérites) ont un oligoclase en cristaux assez volumineux, mais allongés souvent pg^1 comme les microlithes (ophites), parfois quadrillé par la double macle de l'albite et du périkline (kersantite).

Dans la variolite de la Durance les fibres d'oligoclase allongé suivant pg^1 s'éteignent en long et sont séparées par de petites rangées de granules de pyroxène et d'amphibole actinote.

Labrador. — L'angle des clivages faciles pg^1 est 93° 20′. Les microlithes de labrador *allongés suivant* pg^1 s'éteignent sous de grands angles dont le maximum est 30°; c'est ce qui distingue le labrador des feldspaths qui s'éteignent sous de petits angles, ou en long (comme l'oligoclase), mais cela ne le distingue pas de l'anorthite.

Dans la zone perpendiculaire à g^1 l'extinction va de 0° à 65°. Elle est souvent aux environs de 55°, tandis que dans l'oligoclase l'extinction varie aux environs de 30° pour cette zone.

Les lamelles hémitropes sont très inégales comme dimensions; il en est de même de l'épaisseur : à des bandes larges succèdent sans régularité des bandes étroites; il en est autrement de l'oligoclase, qui a un système épais et l'autre mince, et dans l'anorthite, où les lamelles hémitropes sont plus grandes et régulières. Dans le labrador la séparation g^1 est extrêmement nette; les bandes hémitropes ont des contours arrêtés, nets entre les nicols croisés.

Trois macles : périkline, albite, baveno; parfois il forme de grandes plages s'éteignant à grand angle dans les sections rectangulaires voisines de h^1, souvent il est en microlithes; rare dans les roches acides, fréquent dans les roches basiques.

Anorthite. — Silicate double d'alumine et de chaux; l'angle des clivages faciles pg^1 est de 94°,10'; il se présente : 1° en grands cristaux à *lamelles hémitropes de grande taille* et régulièrement espacées en plages granitoïdes; 2° rarement en microlithes incolores, nullement polychroïques. L'anorthite présente entre les nicols croisés des teintes un peu plus vives que les autres feldspaths.

L'anorthite est un minéral négatif : ses *extinctions* dans toutes les zones se font *sous de très grands angles*, plus grands encore que ceux du labrador. C'est ce qui caractérise l'anorthite. On ne rencontre pas de microlithes d'anorthite dans les roches anciennes, on n'en trouve que dans les roches récentes.

Diagnostic des feldspaths entre eux (1).

Orthose : en grandes plages, avec nombreuses impuretés, clivages pg^1 à angle droit. Macle unique, deux cristaux seulement étant accolés. *Microlithes* trapus, larges, courts, s'éteignant rigoureusement suivant la ligne de macle. A l'état de *sanidine* (fig. 30 et 31), zones concentriques, fissures, pores à gaz.

Microcline, aspect moiré tout spécial, filonnets d'albite ou de quartz (fig. 32).

Albite en filaments dans le microcline, peu important à cause de sa rareté ; ressemble à l'oligoclase.

(1) Voir aussi les tableaux.

Oligoclase. — En grandes plages il est formé par l'accolement d'un *grand nombre de cristaux,* visibles en lumière polarisée (nicols croisés) ; un des systèmes de cristaux est *plus mince* que l'autre,

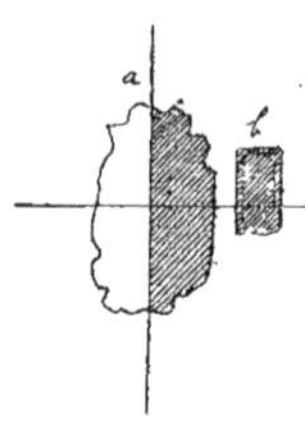

Fig. 33. — *Orthose. a,* extinction suivant la ligne de macle ; *b,* microlithe peu allongé non maclé.

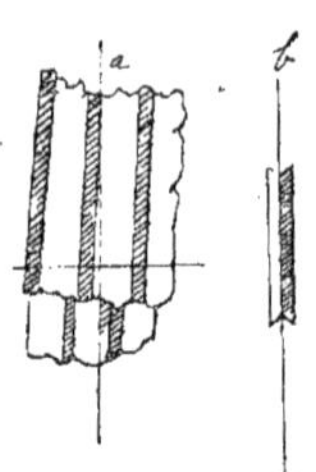

Fig. 34. — *Oligoclase. a,* lamelles hémitropes d'épaisseur *inégale* dans les deux systèmes, mais *régulière* pour chacun d'eux ; extinction en long (2°) ; *b,* microlithe allongé suivant pg^1 ; extinction en long.

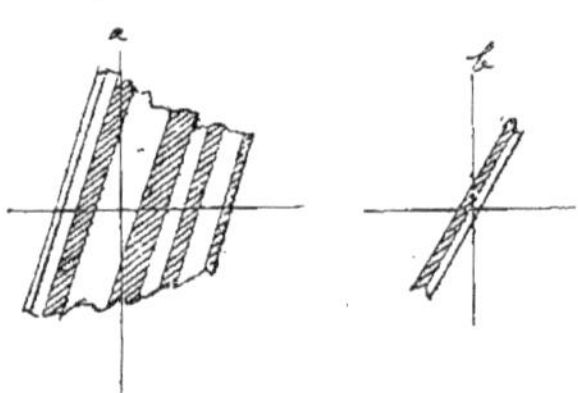

Fig. 35. — *Labrador. a,* lamelles hémitropes d'épaisseurs très inégales ; extinction à 18° de la ligne de macle. Séparation très nette des éléments hémitropes ; *b,* microlithe allongé suivant pg^1 ; extinction à 27°.

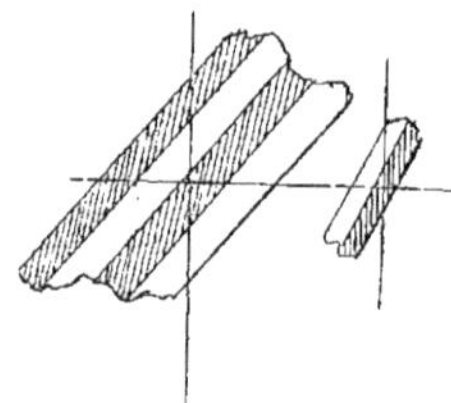

Fig. 36. — *Anorthite. a,* lamelles hémitropes égales dans les deux systèmes et d'épaisseur uniforme ; extinction à 40° ; *b,* microlithe allongé suivant pg^1 (très rares) ; extinction à 30°.

chaque système conserve à peu près la même épaisseur (fig. 33). *Extinction en long.*

Microlithes s'éteignant toujours en long à 2 ou 3° de la ligne de macle.

Labrador. — Même disposition que l'oligoclase, mais les éléments des deux systèmes de cristaux sont *inégaux entre eux de toutes façons,* aussi y a-t-il alternative de bandes larges ou étroites, éclairées ou éteintes.

L'extinction a lieu sous des angles de 18° environ (fig. 34).

Les *microlithes* s'éteignent toujours sous de grands angles de 27° à 30°, moins grands que ceux de l'anorthite.

Anorthite. — Aspect analogue à celui du labrador, mais les deux systèmes de bandes sont égaux entre eux, régulièrement épais et assez larges. Extinction sous des angles encore plus grands que le labrador (fig. 36). En *microlithes*, extinction sous de grands angles, n'existe sous la forme microlithique que dans les roches récentes ; polarise plus vivement que dans les autres feldspaths.

Néphéline. — Silicate alumineux à base de soude, cristallise en *prismes hexagonaux;* les cristaux sont ordinairement de dimensions à peu près égales dans tous les sens, rarement allongés suivant les arêtes du prisme, plus souvent aplatis parallèlement à la base.

La néphéline est *transparente, incolore, très peu réfringente ;* on ne la distingue pas des matières amorphes qui l'englobent parfois. En grands cristaux elle ne contient que des éléments les plus an-

Fig. 37. — Néphéline avec inclusion d'augite.

Fig. 38. — Néphéline avec inclusion à la périphérie.

ciennement consolidés : fer oxydulé, augite, mica noir, souvent ces inclusions sont en fines traînées pulvérulentes; au contraire, quand elle est de seconde consolidation, elle est postérieure à tous les éléments cristallisés.

Entre les nicols croisés la néphéline ne se colore que de teintes *blanc-bleuâtres* qui révèlent les lamelles cristallisées dont elle se compose.

Dans les roches, on rencontre des sections *hexagonales,* lorsque le plan de la section rencontre les six faces du prisme ou cinq faces et la base (voir fig. 12). Si la section est perpendiculaire à l'axe, l'hexagone est régulier et la section est constamment éteinte.

La section est *quadrilatère* si elle coupe les deux bases et les deux faces latérales, ou une base et trois faces adjacentes. Dans le premier cas elle sera rectangulaire si elle est parallèle aux arêtes latérales du prisme. Les sections pentagonales ou triangulaires sont rares; souvent il n'y a pas de contours cristallins, et la néphéline se distingue difficilement de la matière amorphe ambiante.

Les *clivages* de la néphéline parallèles à la base et aux faces du prisme ne se voient qu'*exceptionnellement* dans les gros cristaux; elle est le plus souvent en petites lamelles cristallines enchevêtrées les unes dans les autres.

Comme on n'a que rarement affaire à des cristaux isolés, mais à des lamelles superposées, l'extinction ne se fait complète dans aucune orientation.

La néphéline est un minéral à un *seul axe* négatif.

On peut confondre la néphéline : 1° avec l'*apatite* en grands cristaux; l'apatite est en cristaux plus *isolés*, clairsemés; elle a son clivage parallèle à la base, ne contient pas les traînées d'amphibole; 2° avec les feldspaths; les tricliniques sont maclés, l'action des acides qui attaque la néphéline la distingue de l'orthose non maclé.

Leucite. — La leucite est un silicate d'alumine et de potasse.

En apparence, la leucite appartient au système *cubique*. Sa forme

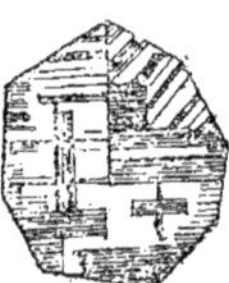

Fig. 39. — Leucite; disposition des macles; l'extinction se fait suivant la bissectrice de deux séries contiguës.

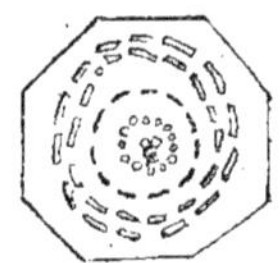

Fig. 40. — Leucite; inclusion en couronne d'augite, fer oxydulé, etc.

ordinaire est celle du *dodécaèdre rhomboïdal* b^1 combiné avec le trapézoèdre a^2? Il est probable qu'en réalité elle doit être rattachée au système *quadratique*.

Elle est *incolore*, parfois les cristaux ont une pellicule blanchâtre d'altération qui permet de les mieux distinguer; elle contient des inclusions d'augite en couronnes (fig. 40) ou est entourée par ce minéral, et de plus des inclusions vitreuses, fer oxydulé, néphéline, grenat, etc.

Sa *réfringence* est presque égale à celle des substances vitreuses qui l'entourent, ce qui en rend parfois la distinction difficile si elle n'est pas altérée.

Les sections perpendiculaires à l'axe principal sont constamment éteintes. Toutes le seraient si la leucite était réellement cubique. Elles ne se colorent que si la plaque est très épaisse, autrement elles restent d'un gris bleuâtre.

La *forme des sections* de leucite est octogonale, hexagonale ou quadrilatère avec angles émoussés et arêtes courbes. Les cristaux sont le plus souvent maclés suivant b^1 (en considérant la leucite comme appartenant au système quadratique). Le plus souvent la leucite n'a aucune action sur la lumière polarisée, ou bien, entre les nicols croisés, les sections apparaissent divisées par des *bandes* rectilignes se croisant sous des angles divers, *blanches et noires* (fig. 39), s'éteignant quatre fois pour une rotation de la plaque.

Ses *caractères distinctifs* sont :

Sa forme polyédrique grossièrement arrondie, son isotropie en petits cristaux ; en grands cristaux, ses bandes rectilignes noires et blanches croisées sous divers angles, ses inclusions au centre ou dessinant les contours invisibles des cristaux de leucite de seconde consolidation (n'agissant pas sur la lumière polarisée), parfois formant des couronnes concentriques à ces contours ou même remplissant toute la surface de cristal.

Elle n'existe que dans les roches récentes.

S'observe en grands cristaux corrodés et brisés de première consolidation, ou en menus cristaux moulés sur les éléments des roches : leucitophyres, phonolithes, leucotéphrite, leucitites.

Apatite. — Phosphate de chaux fluoré et chloré; cristallise en prismes hexagonaux ; *incolore*, souvent d'aspect rugueux, non *polychroïque* en lame mince. *Couleurs de polarisation* peu vives, ne dépassant pas le blanc bleuâtre. Souvent dépourvue d'*inclusions*, mais au contraire *incluse dans le mica*. L'apatite est très rebelle aux causes d'altération, aussi la rencontre-t-on en cristaux non altérés dont les sections sont hexagonades (parallèles à la base) ou rectangulaires (parallèles aux arêtes du prisme).

Le *clivage* perpendiculaire à l'axe principal, qui se voit dans les grands cristaux, ne se retrouve plus dans les cristaux microscopiques, mais le clivage parallèle à *p* est souvent visible.

Les cristaux d'apatite sont ordinairement simples, isolés.

Les *sections* perpendiculaires à l'axe sont constamment éteintes entre les nicols croisés, les sections parallèles à l'axe s'éteignent en long (fig. 41).

La bissectrice est toujours négative.

L'apatite *diffère* du *quartz* : par la netteté de ses arêtes, par des inclusions (quand elles existent) disposées parallèlement aux faces du cristal d'apatite, de telle sorte que, dans les sections hexagonales, ces inclusions granuleuses d'un noir violacé dessinent des figures hexagonales concentriques aux côtés de la section du cristal.

Elle diffère de la *tridymite* parce que cette dernière forme des amas de petits cristaux imbriqués, tandis que l'apatite est toujours en cristaux simples.

Si les sections hexagonales ne sont pas rigoureusement perpendiculaires à l'axe, elles s'éclairent plus ou moins pour l'apatite et

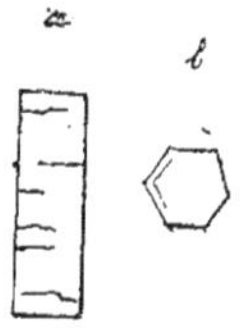

Fig. 41. — Apatite. *a*, section longitudinale, s'éteint en long ; *b*, section parallèle à *p*, toujours éteint.

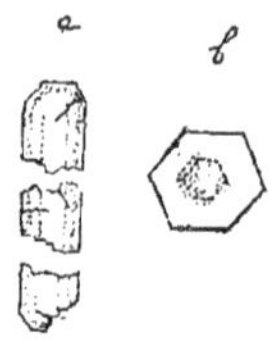

Fig. 42. — Apatite avec inclusion. *a*, section longitudinale brisée ; *b*, section paralèle à *p*.

restent obscures pour la tridymite ; de plus l'apatite montre alors souvent les traces du clivage facile parallèle à *p*.

Les cristaux d'apatite sont toujours rares et clairsemés, à bords très nets dans les sections hexagonales, tandis que ceux de néphéline sont nombreux dans la préparation, serrés les uns contre les autres et à bords amincis dans les sections hexagonales. L'apatite se dissout facilement dans l'acide azotique.

Topaze. — Silicate d'alumine fluoré, paraît *orthorhombique ; couleur* nulle ou jaunâtre, limpide ; *polychroïsme* très faible dans les teintes jaunâtres. *Couleurs de polarisation* un peu plus vives que celle du quartz.

Clivage facile suivant *p* ; forme rectangulaire des sections, bissectrice positive parallèle à *mm*. *Inclusions* aqueuses à bulle mobile et à cristaux disparaissant par la chaleur.

Se trouve dans les filons d'étain et les pegmatites stannifères.

Émeraude. — Bisilicate d'alumine et de glucine; hexagonale, *incolore* en plaques minces, sans relief, non polychroïque; *couleurs de polarisation* analogues à celles du feldspath.

Clivage p et m irréguliers, se montrant en forme de cassures très irrégulières souvent kaolinisées ou altérées. Inclusions aqueuses caractéristiques, hexagonales, non rangées en files comme dans le quartz.

Calcite. — Carbonate de chaux, rhomboédrique (105 : 5[1]), *incolore* sans relief; non polychroïque; *couleurs de polarisation extrêmement vives* et caractéristiques variant du rose au bleu et au jaune avec irisations aussi intenses que celles du mica. Ces couleurs de polarisation se développent quelquefois avec le seul nicol inférieur le long d'un cristal maclé; cet effet est dû à l'action de l'autre élément de la macle.

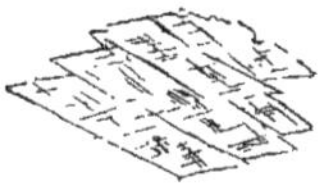

La calcite a trois *clivages* caractéristiques réguliers, rectilignes, souvent d'une grande finesse; suivant les faces du rhomboèdre primitif p.

Fig. 43. — Calcite.

Dans les sections a^1 ces cassures inclinées à 120° (fig. 43) sont parallèles aux côtés d'un hexagone régulier. *Macles* nombreuses qu'on peut mettre en évidence en appuyant fortement sur la préparation. Axe optique unique, *négatif*.

Ses couleurs de polarisation extrêmement vives et ses clivages distinguent la calcite de tous les autres minéraux.

Aragonite. — Chaux carbonatée, *orthorhombique*, *incolore*, *non polychroïque*, très biréfringente avec les mêmes couleurs de polarisation que la calcite. La bissectrice α négative se confond avec l'arête h^1g^1. Elle se présente sous forme de grandes plages à extinctions uniformes, et se distingue alors de la calcite par des clivages moins nets et plus irréguliers, allongés suivant h^1g^1, suivant lesquels elle s'éteint. Quand l'aragonite est en faisceaux fibreux radiés, ses cristaux se groupent en éventail.

Wollastonite. — Silicate de chaux.

Prisme rhomboïdal oblique de 95°,35. Cristaux ordinairement aplatis suivant la face p et allongés suivant l'arête ph^1.

Incolore, *non polychroïque*.

Couleurs de *polarisation très vives*, analogues à celles de la mésotype.

Structure *fibreuse* parallèlement à h^1g^1.

Macles fréquentes suivant p.

Clivages faciles suivant p et h^1, difficiles suivant $o\ \frac{1}{2}$ et $a\ \frac{1}{2}$.

Minéral positif.

Dans la *zone* ph^1, extinctions *suivant les traces des clivages faciles*, parallèles entre elles. Sous des angles variables pour les autres zones ; pouvant être confondu avec le gypse.

Se trouve dans les blocs calcaires altérés.

Sillimanite. — Silicate d'alumine de même composition que l'andalousite. *Orthorhombique ;* cristaux aiguillés et allongés suivant l'arête *mm*.

Incolore, non polychroïque ; couleurs de polarisation très vives, analogues à celles du mica blanc.

Clivages faciles h^1 et cassures transversales.

Elle se groupe en faisceaux microlithiques très biréfringents ; se trouve dans les gneiss au voisinage de la granulite.

Micas. — Les micas sont des silicates alumineux, magnésiens, potassiques, ferrugineux, lithinés, contenant parfois du fluor.

On les divise en : 1° *micas noirs*, ferrugineux (Phlogopite, Biotite, Lépidomélane) ; 2° *micas blancs* (Muscovite, Lépidolite, Zinwaldite).

Caractères communs. — Leur *forme cristalline* est pseudo-hexagonale ; en réalité ils appartiennent au système monoclinique. Ils ont pour caractères distinctifs d'avoir un clivage extrêmement facile suivant p, base du prisme hexagonal ; la bissectrice est toujours *négative ;* elle est située dans le plan g^1 et se confond presque avec la perpendiculaire à p.

Les *sections hexagonales* perpendiculaires à l'axe sont toujours éteintes entre les nicols croisés. Les sections perpendiculaires à p s'éteignent presque rigoureusement suivant les traces du clivage p, ce qui s'exprime en disant que les micas *s'éteignent en long*. Les micas sont maclés suivant m, avec axe de rotation de 180° perpendiculaire, et pénétration réciproque des éléments les uns dans les autres, de telle sorte que ces macles se comportent, en lumière parallèle, comme un cristal unique du système hexagonal.

Micas noirs (1) (magnésiens et ferrugineux). — L'angle *pm* est de 81° 17′. Leur *couleur* varie du jaune au brun. Ils renferment souvent des points plus colorés dus à une condensation de la matière colorante, et de nombreuses inclusions, du fer oxydulé, du fer oligiste, de l'apatite, etc.

Le *polychroïsme* du mica noir est très considérable dans les sections perpendiculaires à *p*. Les *clivages faciles p* donnent à ces sections un aspect feuilleté spécial. Si la plaque est tournée de telle façon que les traces du clivage *p* soient perpendiculaires au plan principal du polariseur, la teinte a son maximum de clarté ; si l'on tourne la plaque de 90° de façon à ce que les traces du clivage

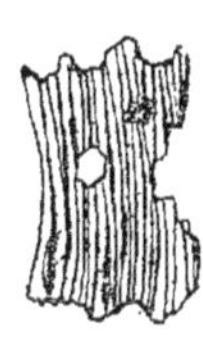

Fig. 44. — Mica noir. Section perpendiculaire aux clivages, avec inclusion d'apatite hexagonale et de fer oxydulé.

Fig. 45. — Mica noir épigénisé par la chlorite. Section perpendiculaire à *p* (à gauche) ; section parallèle à *p* (à droite).

facile soient parallèles au plan principal du polariseur, la teinte du mica devient beaucoup plus foncée.

Le mica noir polarise en brun avec quelques irisations carminées.

Les *sections* les plus fréquentes sont celles qui sont perpendiculaires à *p* ; les sections suivant *p* sont irrégulièrement hexagonales, et peu polychroïques (β et γ étant très peu différents l'un de l'autre).

La *forme* du mica dans les roches est rarement régulière, la face

(1) Nous plaçons ici le *mica noir*, qui est cependant toujours coloré à l'examen en lumière naturelle, afin de ne pas le séparer du mica blanc ; sa place réelle serait au chapitre suivant avant l'amphibole. Au surplus la distinction que nous avons établie entre les minéraux incolores et les minéraux colorés n'a rien d'absolu, elle n'est faite que pour faciliter l'étude.

p est souvent courbe, les bords perpendiculaires à cette face sont déchiquetés plus ou moins finement.

Le mica noir *polarise* vivement dans les tons bruns analogues à ceux qu'il donne par polychroïsme.

Diagnostic. — Le mica noir se distingue des deux minéraux très polychroïques comme la hornblende et la tourmaline par l'absence de clivage dans la *tourmaline*, l'existence de deux clivages dans la *hornblende*, qui s'éteint aussi moins rigoureusement en long que le mica.

Le mica noir est presque toujours de première consolidation, les autres éléments venant se mouler sur lui.

Le mica noir se distingue de la *chlorite*, qui est plutôt verte que brune, par un dichroïsme plus intense, par des formes plus polyédriques, clivages parallèles, tandis que la chlorite est plus radiée, parfois aussi elle polarise à peine ; il peut exister dans presque toutes les roches éruptives ou cristallophylliennes.

Les micas blancs (potassiques et lithiques) sont *incolores, non polychroïques.* Ils affectent des *formes* encore plus irrégulières que les micas noirs ; mais le clivage facile *p* est toujours très régulier et caractéristique.

Fig. 46. — Mica blanc, strié, palmé.

Le mica blanc *polarise* très vivement dans les tons éclatants, rouge, jaune avec irisations brillantes. On le distingue de la *calcite*, dont les irisations sont aussi vives, par les trois clivages de cette substance ; le *talc* et la *séricite*, qui polarisent aussi vivement, ont des lamelles enchevêtrées ou radiées, tandis que le mica a ordinairement ses lamelles parallèles (sauf le mica palmé).

Les micas blancs sont le plus souvent de seconde consolidation et épigénisent le mica noir, le feldspath. On les trouve dans les roches acides de la série ancienne ou récente : granulites, pegmatites avec la tourmaline, le grenat, l'étain.

Talc. — Le *talc* est un silicate de magnésie hydraté, très semblable au mica.

Incolore ou à peine verdâtre, *orthorhombique,* l'angle de sa base est de 120°, il a tendance à passer à la forme hexagonale.

Structure radiée avec pointements aigus.

Non polychroïque. — Les couleurs de polarisation sont rouges, jaunes, irisés, aussi vives que celles des micas blancs.

La bissectrice *négative* (γ) est perpendiculaire au plan p base du prisme hexagonal.

Les sections parallèles à p sont constamment éteintes ; dans les zones pg^1, ph^1, h^1g^1, les lamelles de talc s'éteignent suivant leur longueur.

Sa structure radiée le distingue du mica blanc, de la séricite et de la calcite, et ses couleurs vives de polarisation des autres minéraux ; c'est un produit d'action secondaire associé à tous les minéraux magnésiens et en particulier à la serpentine.

2° Minéraux ordinairement colorés à la lumière naturelle.

Amphibole. — Silicate de magnésie, de chaux, ferrugineux ; la variété la plus importante, la hornblende, est alumineuse et con-

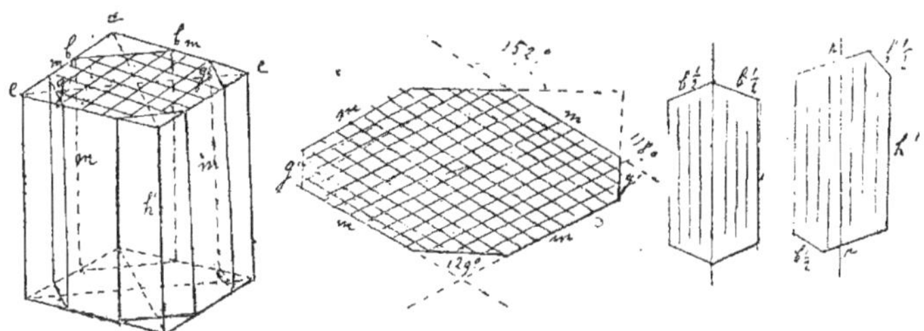

Fig. 47. — Amphibole ; Forme primitive modifiée par des faces par g^1, h.

Fig. 48. Amphibole ; section perpendiculaire à h^1g^1.

Fig. 49. — Amphibole ; section h^1.

Fig. 50. — Amphibole ; section g^1.

tient des alcalis. Il y a trois espèces principales : la *trémolite*, grammatite ou amphibole blanche, l'*actinote*, la *hornblende*.

Nous ne nous occuperons que des deux dernières.

L'amphibole cristallise dans le système du *prisme rhomboïdal oblique* (monoclinique). L'angle m m sur $h^1 = 124°\text{-}11'$.

La *couleur* est d'un vert émeraude pâle pour l'*actinote*, brune ou d'un vert plus foncé pour la *hornblende*.

La *glaucophane* est bleu clair, l'*arfvedsonite* d'un vert bleuâtre.

Les *clivages* faciles réguliers, continus suivant *mm* et à angle obtus de 0 à 124°, distinguent l'amphibole lorsqu'elle est coupée perpendiculairement à h^1g^1.

L'actinote a des *clivages* moins réguliers, et un état lamineux suivant h^1. — Les clivages sont souvent marqués par de l'oxyde de fer quand il y a commencement de décomposition.

Les *sections* dans les roches seront donc : soit en plaques quadrillées par les clivages, *mm* (sections perpendiculaires à h^1g^1), soit en baguettes allongées suivant h^1g^1 et maclées suivant h^1, soit en grains irréguliers.

L'amphibole est très *polychroïque*, moins que le mica noir toutefois. Dans la zone d'allongement p^1h^1 on obtiendra la couleur la plus foncée quand les traces du clivage facile seront parallèles au plan principal du nicol polariseur.

Dans les sections de la zone ph^1, la coloration la plus intense se produira quand le plan principal du nicol coïncidera avec la bissectrice de l'angle aigu du clivage *mm*.

Les *couleurs de polarisation* sont moins vives que celles du pyroxène (tons jaunes, verts, ou bruns variés lorsque plusieurs cristaux sont accolés) ; les clivages sont alors parallèles à l'allongement du cristal formé souvent par l'accolement de plusieurs cristaux (fig. 50) produisant des sortes de *cannelures* remarquables surtout entre les nicols croisés.

Fig. 51. — Cristal d'amphibole formé par l'accolement de microlithes.

Les *extinctions* les plus caractéristiques de l'amphibole ont lieu dans la zone ph^1 perpendiculaire au plan de symétrie g^1 ; elles se font suivant la bissectrice de cet angle obtus.

Dans la zone d'allongement h^1g^1 les extinctions se font presque en long.

Dans la zone pg^1 elles se font aussi à peu près suivant la bissectrice des traces des plans de clivage facile.

Pour l'*actinote*, dans la zone h^1g^1 l'extinction, au lieu de se faire en long comme dans la hornblende (pour un grand nombre de sections), reste à 15°. Dans la zone pg^1 les extinctions se font suivant la trace de h^1 parallèle à la bissectrice de l'angle obtus *mm*.

Dans l'actinote maclée suivant p^1g^1 les extinctions des deux éléments se font symétriquement à 15° environ de la ligne de macle.

L'amphibole est un minéral négatif.

Le clivage à angle obtus (124°) des sections perpendiculaires à h^1g^1 la distinguent du *pyroxène* où ces mêmes clivages sont presque à angle droit; ses couleurs de polarisation sont aussi moins vives.

La zone ph^1 a des clivages caractéristiques qui distinguent la hornblende du mica noir. Mais dans la zone g^1h^1 où les clivages ont leurs traces parallèles, on peut confondre les deux minéraux ; il faut alors bien observer que dans l'amphibole l'extinction ne se fait pas *aussi rigoureusement* parallèlement à l'allongement que

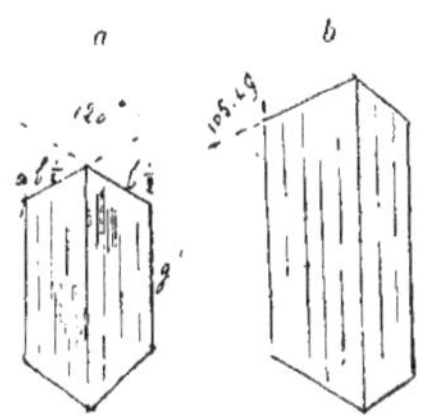

Fig. 52. — Pyroxène. *a*, section h^1 ; *b*, section g^1.

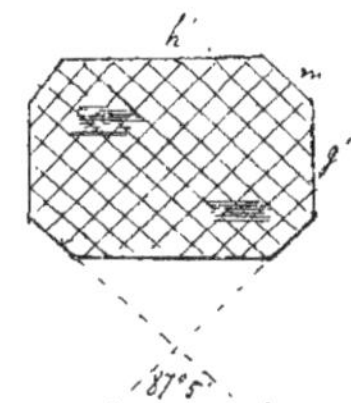

Fig. 53. — Pyroxène. Section perpendiculaire à h^1,g^1 avec lamellisation suivant h^1 par passage au diallage.

dans le mica. De plus, la hornblende est souvent entourée de couronnes de fer oxydulé.

Pyroxènes. — Silicates de chaux et de magnésie ferrugineux, monocliniques. Variétés : *augite*, *diallage*, diopside et hedenbergite ; les deux premiers sont seuls importants.

L'*augite* est peu coloré en plaque mince, dans les tons bruns, verts ou rosés, plus intenses toutefois que ceux de l'olivine; le *diallage* est encore moins coloré. S'il y a des zones concentriques, les plus externes sont brunes, les internes vertes. Ces zones concentriques sont souvent séparées par des couronnes d'inclusions de fer oxydulé, gazeuses ou vitreuses (fig. 56).

Le *polychroïsme* de l'augite est presque toujours à peine sensible, sauf dans les cas où il est fortement coloré. Apparence parfois rugueuse des sections qui sont ordinairement limpides.

La *biréfringence* est considérable (0,02), les couleurs de polarisation sont vives, jaunes ou rouges.

Les cristaux et les microlithes sont généralement allongés suivant l'arête h^1g^1.

L'*augite* présente *deux clivages* faciles m m, à peu près à angle droit (87° 5') ; parfois la trace de ces clivages est comme un trait écrasé. Le *diallage* a en outre un état lamelleux suivant h^1 qui se voit dans les cristaux diallagisants (fig. 53 et 56).

Le pyroxène est un minéral positif; les axes optiques sont dans le plan symétrique g^1.

Les *formes* les plus habituelles des sections sont représentées

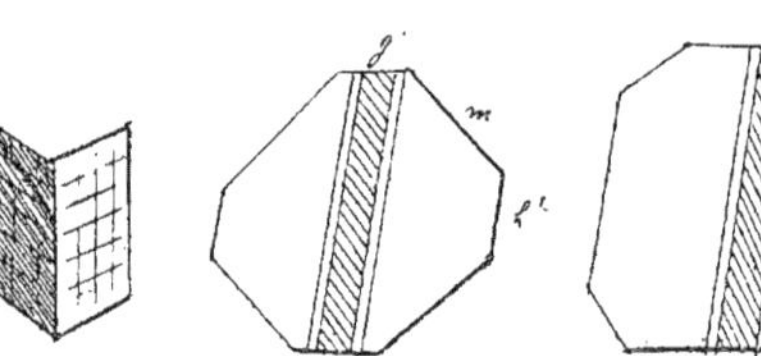

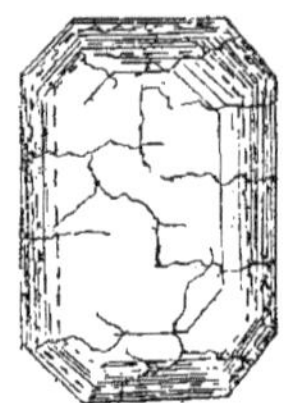

Fig. 54. — Macle de l'augite.

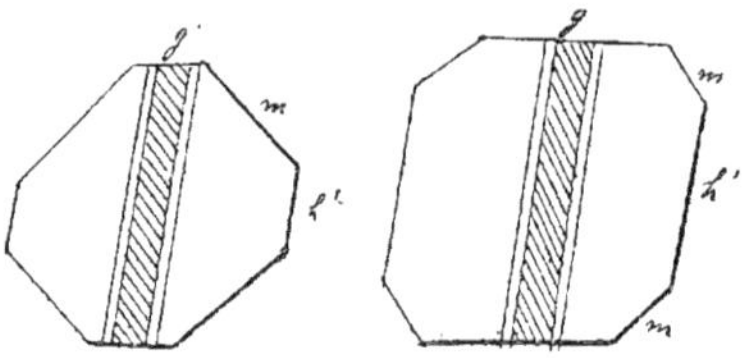

Fig. 55. — Augite avec macle suivant h^1; dans la figure de gauche la face m prédomine et le macle se présente en diagonale.

Fig. 56. — Augite zoné avec inclusions en couronne.

dans les figures 52 et 53. L'augite est tantôt en grains irréguliers, tantôt en cristaux allongés suivant h^1g^1. Les clivages sont parallèles entre eux et à la longueur de la section.

L'*angle d'extinction* varie alors entre 39° (face g^1) et 0° (face h^1).

Dans la zone p h^1 les *sections* sont symétriques et l'extinction a lieu suivant la bissectrice des clivages mm.

Dans les cristaux maclés, la zone h^1g^1 se reconnaît à l'extinction symétrique de part et d'autre, les clivages sont parallèles à la ligne de macle, l'angle compris entre les extinctions successives des deux cristaux varie entre 0° et 77°.

Le *diallage* a rarement des contours réguliers, les macles mm sont moins nettes, il y a lamellisation suivant h^1. Les angles d'extinction dans la plupart des sections sont de 35 à 39°. La zone ph^1 donne des extinctions constamment égales à 0°.

Le pyroxène se distingue de l'amphibole et de l'hypersthène par son faible polychroïsme (sauf dans quelques cas très rares). De plus, dans la zone h^1g^1 où les clivages sont parallèles entre eux et à la longueur des cristaux, l'angle d'extinction maximum pour le pyroxène est de 39°, et pour l'amphibole de 0° à 20°.

L'épidote a des teintes plus vives de polarisation et un relief plus marqué.

Le pyroxène peut être confondu avec l'olivine s'il a perdu ses clivages ou bien si cette dernière en possède. L'olivine s'éteint en long dans la zone pg^1, qui est celle de son allongement; elle a une surface chagrinée, irrégulière; enfin le pointement est de 81°, tandis qu'il est obtus (120°) dans le pyroxène.

Les pyroxènes sont très répandus dans les roches :

1° En grands cristaux et en microlithes dans les porphyrites andésitiques, les porphyrites labradoriques, les mélaphyres, les basaltes ;

2° En grands cristaux, dans les diabases, gabbros, dolérites, euphotides et microgranulites ;

3° En microlithes dans les phonolithes, leucitophyres.

Hypersthène. Enstatite. — Silicates de chaux, magnésie et fer.

L'*Hypersthène* contient du fer en grande quantité.

L'*Enstatite* ne contient pas de fer, la magnésie domine sur la chaux.

Orthorhombiques. — Angle mm sur $h^1 = 93°$ environ.

Coloration variable suivant la teneur en fer, l'hypersthène est *brun très foncé*, il a un certain relief. Inclusions de fer oxydulé et de lamelles brunes de diallage couchées à plat.

L'*enstatite* est à peine coloré, rappelle le diallage.

L'*hypersthène* est polychroïque comme l'amphibole.

L'*enstatite* est à *peine polychroïque.*

Couleurs de polarisation vives, intermédiaires à celles du pyroxène et de l'amphibole.

Clivage facile suivant g^1, moins facile suivant mm et h^1. — Les clivages sont marqués par de fines cannelures, parfois ondulées dans la bronzite ; *allongement* ordinaire suivant h^1g^1.

L'hypersthène existe ordinairement en plages granitoïdes de deuxième consolidation, jamais en microlithes.

Extinction suivant la trace du clivage facile g^1.

L'hypersthène se distingue du *diallage* parce qu'il est *plus coloré* et *plus polychroïque*. Le diallage a des extinctions à 39° de son clivage (zones g^1h^1 et $p\ g^1$), ce qui le distingue de l'*enstatite*.

Facile à confondre dans la zone h^1g^1 avec l'amphibole; mais celle-ci ne contient pas les *inclusions de l'hypersthène* et est moins finement cannelée que lui.

L'enstatite ressemble parfois au péridot, mais sur ses bords on voit de fines stries de clivages.

Péridot. — Silicate de magnésie ferrugineux avec traces de manganèse, de nickel et d'alumine. Cristallise dans le système orthorhombique (prisme rhomboïdal droit de 119° — 13').

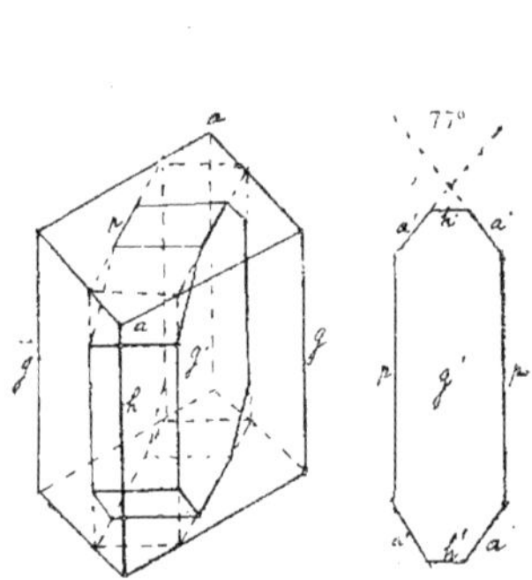

Fig. 57. — Péridot. Section parallèle à g^1. La figure montre comment cette section a été obtenue dans le prisme primitif. L'angle a^1a^1 sur h^1 est de 77°.

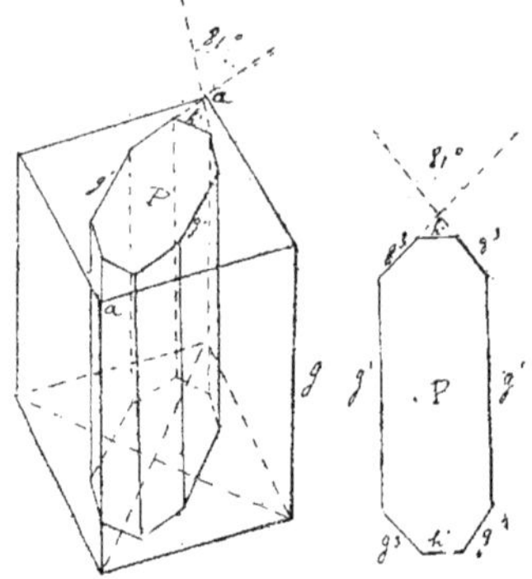

Fig. 58. — Péridot. Section parallèle à P avec modification h^1, g^1 et g^3. La première figure montre comment cette section a été obtenue dans le prisme primitif.

Variétés principales dans les roches : 1° *fayalite* ; 2° *olivine*.

L'*olivine* est incolore en plaques minces, très peu polychroïque ; la *fayalite* est brune et très polychroïque.

L'olivine a un fort indice de réfraction et sa surface paraît chagrinée, en *relief*. Ne contient guère d'inclusions, sauf fer oxydulé et picotite.

Les *couleurs de polarisation* sont des plus vives, plus éclatantes que celles de l'augite.

La *fayalite* se montre en cristaux nettement terminés, l'*olivine* est le plus souvent en grains ou en cristaux arrondis sur les angles. Les cristaux d'olivine sont allongés suivant pg^1 ; les formes des sections sont celles d'octogones à grand développement des faces p ou g^1 (fig. 57 et 58).

Le péridot n'est jamais maclé en gros cristaux ; l'olivine possède deux clivages, le premier parallèle à h^1, l'autre moins net suivant g^1. On ne les voit pas souvent dans les sections, mais les cristaux d'olivine sont traversés de fentes curvilignes, le plus souvent envahies par de l'oxyde jaune de fer qui altère aussi les contours du péridot.

Cette altération ferrugineuse presque normale et régulière est très caractéristique ; l'extinction a lieu parallèlement aux côtés ou aux diagonales de la figure.

Fig. 59. — Péridot fendillé, brisé et entouré d'une zone jaune d'oxyde de fer.

Dans les sections dissymétriques, on ne peut tirer parti des extinctions pour le diagnostic.

Le péridot se présente presque toujours à l'état de cristaux de première consolidation, principalement dans les roches neutres ou basiques, où il n'y a ni quartz libre ni feldspath plus acide que l'oligoclase. Il existe en plages granitoïdes de seconde consolidation dans les péridotites et les lherzolites.

Le *diagnostic* du péridot se base sur sa transparence, sa forme, son relief, son aspect rugueux, l'altération jaune des bords et des fentes, le manque de clivages, ses couleurs brillantes de polarisation, son attaque facile aux acides.

Dans les cas difficiles où l'on ne peut distinguer le péridot du pyroxène à cause de la décoloration et de l'altération de ce dernier, il faut observer l'angle de pointement qui est aigu dans le péridot, obtus dans le pyroxène. La distinction avec l'enstatite se fait par de petites traces de clivages qui se présentent sous forme de stries fixes sur les bords de ce dernier minéral.

On le trouve dans les roches récentes encore plus fréquemment que dans les roches anciennes : diabases, gabbros, euphotides, mélaphyres, basaltes, téphrites, néphélinites, leucitites, péridotites, lherzolites, limburgites, porphyrites labradoriques et labradorites augitiques.

Tourmaline. — Silicate alumineux ou ferro-magnésien contenant du bore et du fluor.

Appartient au *système rhomboédrique.*

Couleur brune, verte, plus rarement blanche ou rose, *relief marqué; polychroïsme* très intense, analogue à celui du mica noir. Mais les sections les plus colorées ont leur arête d'allongement e^2e^2 perpendiculaire à la plus courte diagonale du nicol, ce qui est le contraire du mica noir. Couleurs du polychroïsme, du vert bleuâtre au brun violet presque noir.

Couleurs de polarisations vives, dans les tons bruns et rouges.

a b

Fig. 60. — Tourmaline. *a*, section longitudinale d'un cristal brisé et recimenté par du quartz; *b*, section perpendiculaire à l'axe.

Allongement suivant les faces du prisme hexagonal e^2.

Sections de *formes* irrégulièrement polygonales.

Clivages imparfaits suivant *p* et *d'*, donnant lieu à des cassures irrégulières.

Cristaux microscopiques généralement *décroissant à leurs extrémités ;* de telle sorte que la tourmaline se montre entourée d'anneaux de couleurs concentriques à la façon des granules de quartz.

Minéral *négatif*, le plus grand axe d'élasticité coïncide avec l'arête d'allongement e^2e^2.

Se trouve dans les granulites, les pegmatites, en inclusion dans les quartz, schistes maclifères, dolomies, calcaires grenus.

Sphène. — Silicotitanate de chaux ; appartient au système *monoclinique;* sa *couleur* varie du jaune pâle au brun foncé.

Le sphène est *très réfringent*, possède un relief accentué, paraît rugueux; les bords des cristaux sont fortement cerclés de noir.

Polychroïsme sensible surtout dans les variétés foncées.

Ses *couleurs de polarisation* sont d'un jaune brunâtre, avec un éclat bien inférieur à celui du pyroxène et de l'amphibole, parfois irisées.

Deux clivages faciles suivant *mm* très marqués.

Quelquefois *macle* suivant h^1 avec axe de rotation perpendiculaire (phonolithes).

La forme des sections est souvent celle d'un losange ou d'un hexagone très allongés perpendiculairement à h^1 et limités par les faces $e_{\frac{1}{2}}$, p, h^1.

La face o^2 a souvent un développement prédominant (c'est celle qui est vue de face dans la fig. 61, *a*).

Minéral positif, très grand écartement des axes optiques.

Dans la zone ph^1, le sphène est allongé suivant la perpendiculaire à l'arête ph^1 située dans la face o^2. — *L'extinction* se fera suivant la bissection des arêtes $e_{\frac{1}{2}}$.

Dans la zone g^1o^2, analogue à la précédente, elle se fera suivant l'arête g^1o^2.

Dans la zone pg^1, l'extinction se fera suivant les traces du plan o^2 ou en faisant un angle faible avec elles.

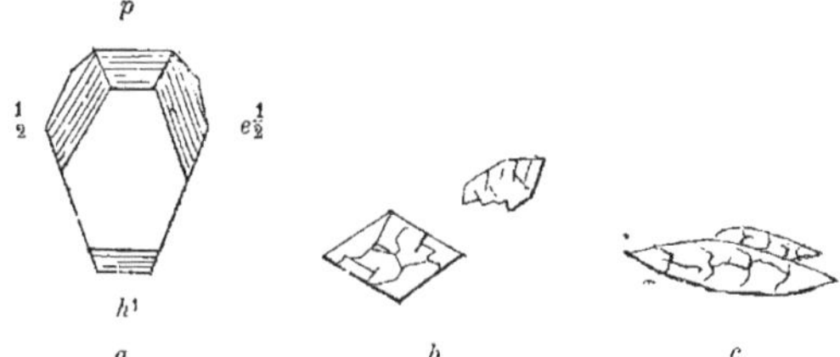

Fig. 61. — Sphène. *a*, forme habituelle du sphène ; *b*, sphène des phonolithes ; *c*, cristaux allongés des basaltes.

Dans la *macle habituelle* suivant h^1, l'extinction a lieu simultanément pour les deux cristaux, suivant *la longueur et la ligne* de macle.

Caractères distinctifs. — Teinte brune, relief extrême, clivages, couleurs brunes de polarisation.

Souvent associé dans les roches au fer titané et à l'amphibole.

On le trouve dans les granites, leptynites, gneiss, ophites, phonolithes, andésites, etc.

Zircon. — Monosilicate de zircone, cristallise dans le système *quadratique*, du moins en apparence, sous forme de prisme m surmonté de l'octaèdre b^1.

Transparent en plaques minces avec légère *teinte brunâtre*, très *réfringent*, relief considérable, souvent entouré d'un cercle noir marqué dû aux réflexions totales ; inclusions gazeuses de forte taille, fréquentes et très estompées.

Légèrement *polychroïque* en brun suivant γ et en vert suivant α. *Très biréfringent;* il se pare de *vives couleurs de polarisation* avec irisations, qui le font remarquer dans les plaques malgré sa rareté.

Fig. 62. — Zircon.

Quelques indices de *clivages* très fins suivant m et de cassures suivant b^1, jamais *maclé.*

Minéral à *un axe positif;* s'éteint parallèlement à l'arête du prisme.

Sa *teinte brune* le fait distinguer de l'olivine et du quartz.

Se distingue du sphène par sa coloration plus pâle et l'absence de macle.

Minéral rare, toujours de première consolidation, souvent en inclusion dans les autres minéraux, et n'en contenant pas d'autres.

Épidote. — Silicate alumineux et de chaux, ferrugineux. D'une *couleur* à peine sensible, parfois jaune clair, transparente. Apparence de *relief* très marquée. *Inclusions* d'actinote et de bulles gazeuses.

Monoclinique, angle mm sur $h^1 = 69°\text{-}56'$ et $ph^1 = 115°\text{-}27'$.

Le *polychroïsme* est un caractère incertain pour l'épidote. Les variétés non teintées ne sont pas *polychroïques;* les variétés colorées sont polychroïques dans les tons brun-verdâtre. Dans la zone ph^1 le maximum de coloration se produit lorsque la longueur du cristal et la trace du clivage p coïncident avec le plan principal du nicol.

Les couleurs de *polarisation* de l'épidote sont extrêmement vives et uniformes, les teintes jaune-orange dont ce minéral se pare entre les nicols croisés ont une très grande *limpidité.*

Allongement ordinaire suivant l'arête ph^1; *clivage* facile suivant p, imparfait suivant h^1, cassures irrégulières parallèles à g^1. *Macle* suivant h^1 dans les grands cristaux.

L'épidote est un minéral *négatif.*

Dans la *zone* ph^1, l'épidote s'éteint parallèlement à sa longueur et aux traces du clivage facile p : c'est la zone la plus importante.

Dans les zones pg^1 et h^1g^1 l'extinction varie de 0° à 28 et 29° par rapport à la trace du clivage p.

L'épidote se présente souvent en agrégats de petits granules diversement orientés, épigénise le pyroxène et l'amphibole et résulte d'actions secondaires.

Son relief, *la limpidité de ses couleurs de polarisation*, son clivage *p* la différencient du pyroxène et de l'amphibole avec lesquels on peut la confondre suivant qu'elle n'est pas polychroïque (pyroxène) ou qu'elle l'est (amphibole).

Se rencontre comme produit d'actions secondaires dans une foule de roches : gabbros, euphotides (ophites), en filonnets avec le grenat et les feldspaths, dans les granites, diabases, porphyrites, diorites.

Cordiérite. — Silicate ferro-alumineux.

Orthorhombique. L'angle $mm = 119°,10$; formes rarement nettes au microscope, contours vaguement rectangulaires ou irréguliers.

Couleur très pâle, bleue ou jaunâtre, sans relief.

Polychroïsme très faible ; parfois on obtient une couleur bleue violacée suivant γ et jaune rougeâtre suivant α.

Dans certaines variétés, autour des *inclusions* de mica, la cordiérite transformée a un polychroïsme intense dans les teintes jaunes.

Les *couleurs de polarisation* sont très faibles, grises ou jaunes.

L'absence de contours nets et d'arête ne permet pas d'user des extinctions pour le diagnostic.

La cordiérite renferme souvent d'innombrables microlithes polarisant vivement.

Elle est très souvent transformée en *pinite* qui affecte la forme de prismes hexagonaux ; elle se montre en plaques minces comme une substance jaunâtre colloïde. Entre les nicols on y observe des zones rubanées, des sphérolithes à croix noire et des ombres moirées.

On trouve la cordiérite en plages granitoïdes de seconde consolidation dans quelques granites, gneiss, diorites, gneiss et schistes talqueux ; très souvent elle est altérée.

Serpentine. — Les serpentines résultent du mélange de la *chrysolite* avec différents produits de décomposition. Ce sont des silicates magnésiens hydratés.

La *couleur* de la serpentine est généralement verte ; la métaxite donne parfois deux couleurs, l'une verte, l'autre rouge.

Une grande partie de la serpentine est formée d'une matière colloïde n'agissant sur la lumière polarisée qu'à la façon du verre trempé.

Les *couleurs de polarisation* qui se produisent dans la serpentine sont des tons de couleurs gris bleuâtre très pâles pour les plaques minces, et, au contraire, très vives et brillantes pour les plaques épaisses.

La serpentine est un produit d'actions secondaires, elle épigénise de préférence le péridot, l'hypersthène, et quelquefois le pyroxène, l'amphibole et le mica noir, qui cependant ont plus de tendance à se transformer en chlorite. L'enstatite se serpentinise aussi volontiers. Les serpentines se trouvent associées à la calcite, la chlorite, l'actinote, la calcédoine, le fer oxydulé, l'hématite, etc.

Andalousite. — Silicate d'alumine, *orthorhombique ;* l'angle $mm = 91°$.

Couleur verdâtre, grisâtre ou violacée en plaques minces, parfois incolore. Englobe souvent des particules charbonneuses ou ferrugineuses qui se placent à l'intérieur de l'andalousite dans les lignes de clivage, ou y dessinent des cristaux dont la symétrie est la même que celle du cristal d'andalousite. Les contours de l'andalousite sont mal limités.

Les variétés donnant des plaques minces colorées sont aussi *polychroïques* en rouge brun, ou vert jaunâtre. Dans la zone d'allongement *mm*, les teintes les plus foncées s'observent quand les fentes du clivage sont parallèles à la plus courte diagonale du nicol.

Les *couleurs de polarisation* sont analogues à celles du pyroxène.

Il n'y a jamais de *macle*. La bissectrice α est *négative* parallèle à l'arête *mm*.

Les cristaux sont *allongés* suivant l'arête du prisme *mm*, il y a deux clivages faciles suivant les deux faces *m*, *m*, et un autre plus difficile suivant *h*. Les clivages *m* sont plus réguliers que ceux du pyroxène, moins fins et moins rapprochés que ceux de l'amphibole.

L'andalousite ne se présente jamais en microlithes. Elle est toujours secondaire, produite par une action métamorphique; ses contours se confondent avec les schistes micacés où elle s'est développée au contact des granites et granulites.

L'andalousite se *distingue* du *pyroxène* par la petitesse de ses angles d'extinction dans les sections allongées, par ses dessins cruciformes, par une couleur jaune pâle ou l'absence de coloration. Elle se distingue de la *staurotide :* dans les sections parallèles à p, l'angle de l'andalousite est droit, celui de la staurotide est de 129° ; la staurotide n'a qu'un clivage facile g^1 parallèle à la plus courte diagonale ; dans les sections longitudinales, la staurotide est plus colorée en brun et contient plus d'impuretés que l'andalousite.

Staurotide. — Silicate d'alumine et de fer; *orthorhombique*, angle m sur $m = 129°,26'$.

Couleur jaune ou brune même en plaques minces et en petits cristaux ; *relief* très accusé ; *polychroïsme* moyen toujours très net.

Couleurs de polarisation vives et limpides. Cristaux grands ou petits allongés suivant *mm ; clivage* net suivant g^1, moins marqué suivant m ; très souvent *maclé* en forme de croix. Bissectrice *positive* et normale à la face p. Contient souvent des inclusions de quartz, de chlorite, de mica, grenat ; microlithes enveloppés d'une auréole polychroïque. Toujours secondaire comme l'andalousite et développée par métamorphisme.

Chlorites. — Silicates alumineux hydratés de magnésie et de fer.

Variétés : ripidolite, pennine, clinochlore.

Mêmes *formes cristallines* et même *clivage* que le mica (forme hexagonale, clivage suivant p).

La *couleur* de la chlorite est généralement verte.

Le *polychroïsme* est variable, généralement, dans les teintes vertes, moins grand que celui de l'amphibole hornblende.

Les *couleurs de polarisation* varient suivant les chlorites. La *ripidolite* polarise à peine en bleu foncé.

La *pennine* et le *clinochlore* polarisent parfois en bleu indigo et dans les teintes claires lorsqu'elles proviennent de la décomposition de l'amphibole.

La structure des chlorites est radiée, à fibres enchevêtrées, souvent en rosettes maclées. Les éléments ne sont pas parallèles comme dans les micas.

Les chlorites résultent de l'altération du mica noir, de l'amphibole, du pyroxène. Au début de cette altération, le mica noir verdit, perd son polychroïsme, puis se transforme complètement. Elles se trouvent dans les kersaatites, mélaphyres, granulites récentes, andésites pyroxéniques, etc.

Grenats. — Silicates d'alumine (de sesquioxyde de fer ou de chrome) et de chaux ou autre base terreuse monoxyde.

Variétés : grossulaire, almandin, pyrope, mélanite, spessartine, ouwarowite.

Couleur variable souvent à peine accentuée; grossulaire, jaune ou vert clair; almandin et pyrope, roses; mélanite incolore ou noirâtre; spessartine, jaune brun; ouwarowite, verte.

Fig. 63. — Grenat craquelé, avec nombreuses inclusions.

Les grenats cristallisent dans le système cubique, leurs sections seront donc toujours éteintes entre les nicols croisés; leur surface est chagrinée, les bords fortement en relief, à cause de leur indice de réfraction élevé.

Les grenats se rencontrent à l'état d'éléments accessoires dans les roches; cependant dans les *éclogites*, grenatites, ils forment un des éléments constituants.

Disthène. — Silicate d'alumine, *triclinique*, incolore ou à peine bleuâtre en plaques minces; pauvre en inclusions, d'un relief moyen, *polychroïque* seulement pour les plaques encore colorées.

Les *couleurs de polarisation* sont vives.

Il est allongé suivant l'arête *mt*, possède *deux clivages* très faciles suivant *m* et *t*, et un irrégulier suivant *p*.

Il présente trois macles suivant *m* avec trois axes de rotation différents.

Dans la zone d'allongement *mt*, son *extinction* se fait à 30°, au maximum, de l'arête *mt*. Dans les cristaux maclés symétriques, l'extinction se fait à 30° (maximum) de la ligne de macle.

C'est un minéral *négatif;* la bissectrice est sensiblement perpendiculaire à la face *m*.

On ne peut le confondre qu'avec le *glaucophane,* qui est plus bleu, ne s'éteint pas sous un angle si grand que 30°, et dont les clivages se coupent sous un angle plus aigu.

Hauyne et noséane. — Silicate d'alumine et de soude contenant du soufre et du chlore. *Incolore* en plaques minces, ou bleuâtre (hauyne), ou verdâtre (noséane).

L'hauyne appartient au système cubique, la noséane est souvent allongée suivant une des arêtes.

TABLEAU RÉCAPITULATIF DES CARACTÈRES MICROSCOPIQUES DES MINÉRAUX.

Tableau n° 1. — **Minéraux ordinairement incolores en lames minces.**

	QUARTZ.	FELDSPATHS. ORTHOSE.	MICROCLINE.	ALBITE.	OLIGOCLASE.	LABRADOR.	ANORTHITE.
Composition	Ac. silicique.	KO domin.	Silicates alumineux dépourvus de fer, avec KO domin.	NaO dom.	NaO,5-CaO,3	NaO,1-CaO,3	CaO dom.
Variétés	....	1. Orth. laiteux ord. 2. Sanidine. 3. Adulaire.	....	....	....	....	....
Système cristallin.	Hexagonal.	Monoclinique	Tricliniques.				
Couleur, transp.	Incolore.	Incolores, transparents.					
Réfringence, relief.	....	Peu réfringents, sans relief.					
Polychroïsme.	Nul.	Nul.					
Biréfringence.	0,009	0,009					0,01
Couleurs de polarisation.	Blanc bleuâtre	Teintes bleuâtres ou grisâtres adoucies, moins vives que le quartz et plus que la néphéline.					Plus accentuées.
Clivages	"	Suiv. p et g^1 à angle droit.	Suivant p et g^1, angles > 90°.				
Macles	Par pénétrat.	Les grands cristaux sont développés suivant g^1. — L'arête pg^1 est allongée.					
Allongement et formes ordinaires dans les roches.	1° Cristaux de 1re consolid.: grains bipyramidés. 2° Cristaux de 2e consolid.: a) granitique, b) granulitiq., c) pegmatoïde, d) de corrosion, e) globulaire, f) calcédonieux. 3° Quartz secondaire. Grains calcédonieux. — Des filons métalliques.	Les microlithes sont le plus souvent allongés suivant pg^1.					Rare en microlithes.
		Macles de deux élém.: 1° de Carlsbad; 2° de Baveno.	Les grands cristaux sont constitués par des macles de nombreuses lamelles hémitropes.				
			Les microlithes maclés ne comprennent que 2 éléments.				
Signe	Positif.	Négatif.					
Extinctions dans les zones principales.	Sections hexagonales toujours éteintes. Les autres s'éteignent suivant la projection de l'axe optique.	Zone pg^1: microlithes allongés suivant pg^1. 1° Extinction rapportée à la longueur des microlithes.					
		de 5° à 6°	0° à 16°.	0° à 19°.	0° à 2°.	0° à 17° ou 27°	0° au delà de 30°
		Zone ph^1: Symétrie des sections. Clivage pg^1 à angle droit. Extinct. suiv. ces clivages.	2° Extinction de deux lamelles hémitropes suivant la loi de l'albite.				
			0° à 31°.	0° à 12°.	0° à 3°.	0° à 18°.	0° au delà de 40°
			Zone perp. à g^1, ou sect. non maclées presque rectangulaires. 1° Extinction symétrique par rapport à la macle.				
		Zone h^1g^1: Macle de Carlsbad. Extinct. sym. par rapport à la longueur et ligne macl.	0° à 18°.	0° à 15°45'.	0° à 18°30'.	0° à 31°15'.	0° au delà de 37°
			2° Extinction de deux lamelles hémitropes suivant la loi de l'albite.				
			0° à 30°.	0° à 31°30'.	0° à 32°.	0° à 62°30'.	0° au delà 71° [illegible]
Caractères distinctifs servant au diagnostic différentiel, particularités, inclusions.	Se distingue des feldspaths par sa limpidité. — Un seul axe optique. — Pas de clivages ni macles.	Macle de 2 éléments. — Associé au microcline.	Macles polysynthétiques. Apparence quadrillée spéciale et aspect moiré dus aux macles de l'albite et du péricline.	Rare en gds cristaux. — Filonnets dans l'orthose et microcline. — Microlithes non maclés.	Inégalité de largeur des éléments maclés. Régularité de largeur des bandes de chaque système. Extinction en long.	Irrégularité de largeur des bandes de chaque système. Extinction sous de grands angles. 0° à 17°. | 0° à 37°.	Régularité de largeur et constance des éléments maclés.

	NÉPHÉLINE.	LEUCITE.	APATITE.	MICA BLANC.	TALC.	SILLIMANITE.	CARB. CHAUX.
Composition	Silicates alumineux Sodique.	Potassique.	Phosphate de chaux av. Cl.Fl.	Silicate alumino potassique.	Silicate, magnésie (hyd.).	Silicate, alumine.	Carbonate de chaux.
Variétés	....	....	....	....	....	....	1° *Calcite* rhomboédrique.
Système cristallin.	Hexagonal.	Quadratique, en appar. cubique.	Hexagonal.	Appar. hexagonal.	Orthorhombiq.	Orthorhombiq.	2° *Aragonite* orthorhombique.
Couleur, transp.	Incol., transp.	Incol., transp.	Incol., transp.	Incolore.	Incolore.	Incolore.	Incolore.
Réfringence, relief.	Peu réfringent, sans relief.	Peu réfringent, sans relief.	Réf. cont. nets; aspect rugueux.	Peu relief.	Sans relief	Sans relief.	Sans relief.
Polychroïsme.	Nul.	Nul.	Nul.	Nul.	Nul	Nul.	Nul.
Biréfringence.	Très faible.	Faible.	Faible.	Très biréf. 0,06	Très biréf.	Biréfr. 0,02.	Extrêm. biréf. 0,1.
Couleurs de polarisation.	Gris.	Gris bleuâtre.	Blanc bleuâtre.	Vives, rouges, irisées.	Jaunes, rouges, irisées.	Vives, irisées.	Vives, irisées.
Clivages	"	"	"	Suivant p.	"	Suivant h^1.	Dans les sections suivant a^1 il y a 2 ou 3 clivages à 120° dans la calcite. — Moins nets dans l'aragonite.
Macles	"	Multip. à angle dr.	"	"	"	"	
Allongement et formes ordinaires dans les roches.	Cristaux rarement isolés, formés de lamelles aplaties parallèlement à la base et superposées.	Sections octogonales, hexagonales ou quadrangulaires: formes polyédriques grossièrement arrondies.	Sections rectangulaires allongées avec fentes perpendiculaires aux arêtes du prisme. — Sections hexagonales. — Cristaux isolés. — Arêtes nettes.	Formes irrégulières, lamelles parallèles et superposées.	Structure radiée en paillettes.	Cassures transversales.	
Signe	Négatif.	"	Négatif.	Négatif.	Négatif.	Positif.	Négatif.
Extinctions dans les zones principales.	Sections hexagonales éteintes. — Sections rectangulaires s'éteignent suivant les côtés.	Sans action sur la lumière polarisée, ou production de bandes multiples, alternativement blanches et éteintes.	Sections hexagonales toujours éteintes. — Sections rectangulaires s'éteignent suivant leur longueur.	Sections hexagonales toujours éteintes. — Extinction en longueur suivant les lignes de clivage p.	Sections presque hexagonales toujours éteintes. — Rosettes régulières à croix noire.	Prismes cannelés, accolés, s'éteignant en long ou faisceaux microlithiques.	Extinction non uniforme pour toute la plage.
Caractères distinctifs servant au diagnostic différentiel, particularités, inclusions.	Se distingue peu du milieu. — Contient des traînées d'amph. — Cristaux groupés.	Inclusions d'augite en couronnes. — Macles multiples à l'intérieur des cristaux.	Élément toujours ancien. — En inclusion dans le mica. — Cristaux non groupés, cloisonnés. — Relief, netteté des contours.	Fibres parallèles. — Biréfringence. — Couleurs vives de polarisation.	Fibres moins parallèles que dans le mica.	Faisceaux microlithiques très biréfringents.	Extrême biréfringence. — Couleurs irisées. — Angles de 120° des cassures ou clivages (sections parall. à la base du prisme hexag.).

Tableau n° 2. — **Minéraux ordinairement colorés en lames minces.**

	MICA NOIR.	AMPHIBOLE.	PYROXÈNE.	HYPERSTHÈNE, ENSTATITE.	PÉRIDOT.	TOURMALINE.	SPHÈNE.	ZIRCON.	ÉPIDOTE.
Composition	Silic. Alum. ferrug.	Silicate Mg, Ca, Fe	Silicate Ca, Mg, Fe, (Al).	Hypersthène = Silicate Mg, Fe (Ca). Enstatite = Silicate Mg, (Fe).	Silicate Mg, Fe.	Silic. Fluoré d'Al. Mg, Fe, B.	Silico-titanate de chaux.	Silicate de Zircone.	Silicate Al, Ca, Fe.
Variétés	....	Hornblende. Actinote.	Augite diallage.	Hyp. : brun foncé. Enst. : peu colorée.	Olivine : incolore. Fayalite : brune.	»	»	»	»
Système cristallin.	Pseudo-hexagonal.	Monoclinique.	Monoclinique.	Orthorhombique.	Orthorhombique.	Rhomboédrique.	Monoclinique.	Quadratique.	Monoclinique.
Couleur, transparence.	Jaune, brun.	Hornbl. : brune ; Actin. : verte ; Glaucophane, bleue.	Peu coloré ; brun, vert, parfois zones concentriques.	»	Surface chagrinée.	Brune, rose, verte, incol.	Peu coloré.	Légèrement brun.	Transp. ou teinté.
Réfringence, relief	Moyen.	Moyen.	Rel. un peu rug.	Hyp. à un relief.	Relief considérable.	Relief marqué.	Très réfring. Relief.	Très réfring. Relief.	Relief marqué.
Polychroïsme	Très considér. Nul pour sections *p*.	Très considér. mais < Mica noir.	A peine sensible.	Hyp. polychr. Enst. à peine.	Olivine : non. Fayalite : fortement.	Très intense [illegible]	Sensible pour variétés colorées.	Légèrement.	Var. suivant teinte.
Biréfringence	0,06	0,02	0,02	0,015	0,04	0,02	»	0,0[illegible]	0,0[illegible]
Couleurs de polarisation.	Tons bruns et jaunes très vifs.	Jaune, brun ; vives.	Jaune, rouge ; vives.	Jaune.	C. pol. très vives.	Couleurs vives, brune, rouge.	Coul. chatoy. jaune brune.	C. pol. très vives, chatoyantes.	C. pol. très vives, limpides.
Clivages	Clivage facile selon *p*.	Cliv. suivant *m m*.	Cliv. parall. à l'allongement $h^1 g^1$.	Clivage facile g^1 ou lignes striées.	Cliv. h^1 et g^1 peu fréq. Fissures curvilignes.	Cassures irrégul.	2 clivages : *m m*.	Quelques indices de clivage.	Clivage facile *p* — Cassures irrégul. parallèles à g^1.
Macles	Macle suivant *m*.	Macle suivant h^1.	Macle suivant h^1.	»	Jamais maclé.	»	Macle suivant h^1.	Jamais maclé.	Macle h^1 : gr. crist.
Allongement et formes ordinaires dans les roches.	Aspect lamelleux des sections perpendiculaires à *p*.	Se montre sous formes de : 1° Sections perp. à $h^1 g^1$; sont en plaques avec cliv. *m m* à 124°. 2° Baguettes allongées suivant $h^1 g^1$. 3° Grains irrégul.	Section h^1 ang. $b^1/_2$ $b^1/_2$ = 120°. — Allong. ordinaire suivant $h^1 g^1$. — Grains irrégul. — Section perpendic. à $h^1 g^1$ avec cliv. *m m* à 87°. — *Le diallage* a un état lamel. suiv. h^1.	Allongement suivant $h^1 g^1$.	Section h^1 ang. $b^1/_2$ = 81°. — Allongement suivant $p g^1$. — Forme octogonale avec *p* et g^1 très développés. — Périphérie et fissures entourés d'une zone d'alter. jaune.	Allongement suivant faces du prisme hexagonal. Forme triangulaire, courbe ou polygonale. — Microlithes décroissant au sommet.	Sections hexagonales ou losanges, fuseaux.	»	Apparence d'aggrégat et granules.
Signe	Négatif.	Négatif.	Positif.	Négatif.	Positif.	Négatif.	Positif.	Positif.	Positif.
Extinctions dans les zones principales.	Sections parallèles à *p* toujours éteintes. — Sections perpendicul. à *p* s'éteignent en long. (parallèlement à l'enroulement des lamelles).	Sections perpendiculaires à $h^1 g^1$ s'éteignent suivant la bissectrice de l'angle *m m* (124°). — Sections parallèles à $h^1 g^1$ s'éteignent presque en long. (0° à 20°).	Sections perpendiculaires à $h^1 g^1$ s'éteignent suivant la bissectrice de l'angle *m m* (87°). Zone $h^1 g^1$: crist. maclés, extinction sym. de chaque côté ligne de macle. — Crist. all. suivant $h^1 g^1$: extinct. de 39° à 0°.	Extinctions suivant la trace du clivage facile g^1.	Dans les sections symétriques, l'extinction a lieu suivant les côtés ou les diagonales.	Sections triang. ou polygonale perpendiculaires à l'axe, toujours éteintes. — Extinction des autres suivant l'allongement etc.	Dans les cristaux maclés, extinction des deux éléments suivant la ligne de macle.	S'éteint parallèlement à l'arête du prisme et aux côtés des sections rectangulaires.	Zone $p h^1$. Extinction suivant la longueur de la trace des clivages. — Zones $p g^1$ et $h^1 g^1$. Extinction de 0° à 2[illegible]°.
Caractères distinctifs servant au diagnostic différentiel, particularités, inclusions.	Polychroïsme, clivages parallèles suivant *p*. — Inclusions fréquentes de fer oxydulé et d'apatite. — Altération des bords. — Extinction en long.	Cliv. *m m* à 124° et extinction suivant bissectrice. Coul. pol. < pyroxène. — Extinction à 20° maximum dans la zone d'allong. $h^1 g^1$.	Faible polychr. le dist. de l'Amphib. et de l'Hypersthène. — Pointement à 120°, dist. Péridot. — Zone $h^1 g^1$. Extinct. à 39° le dist. de l'Amphibole.	Fines stries de cliv. et inclusions nombreuses les distinguent dans la zone $h^1 g^1$ de l'amphibole et du péridot.	Olivine s'éteint en long. — Zone d'allongement $p g^1$. — Pointement de 81°. — Altération ferrugineuse des bords et fissures. — Relief.	Le polychroïsme et le relief [illegible], macle en [illegible], sont caractéristiques.	Relief. — Teintes brunes. — Clivages.	Relief. — Teintes brunes. — Couleurs de polarisation vives. — Absence de clivages.	Limpidité des couleurs de polarisation.

Toutes deux sont sans influence sur la lumière polarisée et sont caractérisées par une abondance extrême d'inclusions de poussières d'un gris violacé et de cavités à gaz qui remplissent parfois complètement les cristaux ; les clivages de la noséance sont remplis de sulfures métalliques.

On rencontre l'hauyne et la noséane dans les roches tertiaires à néphéline et à leucite (phonolites), les basaltes, les trachytes.

Nous ne dirons que quelques mots de minéraux d'importance très secondaire : les **Spinellides.** — Ces minéraux comprennent : le spinelle, le pléonaste, la picotile, le fer chromé et le fer oxydulé. Ils cristallisent dans le système cubique, et par conséquent sont toujours éteints entre les nicols croisés.

Spinelle. — Aluminate de magnésie, petits cristaux à arêtes vives colorés en rose ou incolores, très durs; se trouve dans les leptynites et les gneiss.

Pléonaste. — Aluminate de fer, d'un vert très foncé presque opaque ; cristaux très petits et réguliers souvent en sections rectangulaires. Se distingue du fer oxydulé par l'absence de reflet métallique (éclairage direct). Souvent en inclusions dans le péridot olivine et dans les basaltes porphyroïdes et les audésites du Cantal.

Picotite (chromo-aluminate de fer et de magnésie). — *Couleur* d'un brun jaunâtre parfois opaque, forme octaédrique ou de grains arrondis. Se trouve à l'état d'inclusion dans le péridot des basaltes, dans les lherzolites avec l'enstatite, l'olivine et le pyroxène.

Fer chromé (chromate de fer). — *Couleur* d'un brun jaunâtre en lames minces, contours irréguliers, sans clivages distincts, quelques fentes remplies de matières jaunes ; éclat non métallique, violet rosé à la lumière réfléchie, ce qui le distingue, ainsi que sa transparence, du fer oxydulé. Dans les serpentines.

3° Minéraux ordinairement ou toujours opaques en coupes minces.

Fer oxydulé. — Complètement opaque ; possède un éclat métallique à la lumière réfléchie. Se montre en octaèdres simples ou maclés, sections losangiques ou rectangulaires ; les angles peuvent être émoussés, les arêtes arrondies, au point de ne plus laisser que des grains informes; s'entoure de rouille ou de mica noir très dichroïque. Se trouve dans une foule de roches et très souvent en inclusions ou autour des minéraux (hornblende, mica); l'augite en est dépourvue (andésites du Cantal). Souvent le fer oxydulé est transformé en limonite. Réduit en poudre, on peut le séparer des autres éléments de la roche au moyen du barreau aimanté.

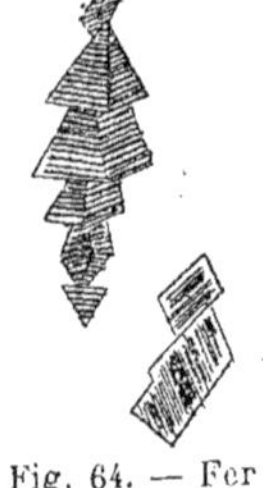

Fig. 64. — Fer oxydulé.

Fer titané (oxyde double de fer et de titane). — Opaque avec quelquefois reflet métallique. Formes hexagonales, sections analogues à celles du fer oligiste. Se distingue du fer oxydulé et du fer oligiste, parce que tandis que ces derniers s'entourent de produits rouillés sans action sur la lumière polarisée, le fer titané s'entoure d'un enduit grisâtre ou jaunâtre, à bord ombré et s'éteignant comme un corps cristallisé (leucoxène? ou sphène?). Toujours de première consolidation, il est abondant dans les diorites, diabases, gabbros, euphotides, porphyrites, basaltes, péridotites.

Fer oligiste (sesquioxyde de fer, hématite rouge). — Rhomboédrique, translucide parfois et alors en lamelles d'un rouge vif ou jaune rougeâtre, non dichroïques, ou opaque et à reflets métalliques. Sections hexagonales, agrégats étoilés; colore en rose les feldspaths; peut être confondu avec le mica noir lorsqu'il est en lamelles hexagonales.

Existe dans un grand nombre de roches : granites, gneiss, porphyrites, diorites, trachytes, basaltes.

V. — COMMENT DOIT-ON PROCÉDER A L'EXAMEN D'UN MINÉRAL RÉDUIT EN PLAQUE MINCE.

Les minéraux ne sont pas isolés les uns des autres dans les plaques de roches destinées à être examinées au microscope, ils sont de plus rencontrés par la section d'une façon quelconque. Il est donc très important pour un débutant de ne pas examiner au hasard l'ensemble de la roche, mais de fixer son attention sur un seul minéral convenablement choisi et d'en étudier méthodiquement les caractères. On conçoit aisément l'utilité d'être guidé dans les premières recherches, mais à défaut de conseil, il est commode d'examiner des plaques de roche dont tous les éléments ont été déterminés à l'avance. Le point important est de procéder méthodiquement.

Supposons qu'il s'agisse d'une plaque de granite contenant du mica noir, des feldspaths orthose et oligoclase, du quartz et de l'amphibole hornblende, etc. Choisissons une section bien nette du minéral que nous voulons examiner. En regardant à la lumière naturelle, ou plutôt seulement avec le nicol inférieur, voici un minéral *brun-verdâtre*, doué d'une *réfringence modérée*, c'est-à-dire ne paraissant pas faire une grande saillie sur le reste de la plaque, ses contours sont irréguliers, il présente des traits ou fentes de clivages très nets se rencontrant sous un angle obtus de 120° environ (qu'il nous est facile de mesurer) et circonscrivant des sortes de parallélogrammes ou de losanges.

Si l'angle obtus de ces losanges est placé droit devant nous, de façon que le fil antéro-postérieur du réticule lui serve de bissectrice, le minéral est d'une teinte claire. Tournons la platine mobile de 90°, la couleur du minéral se fonce de plus en plus et devient d'un brun vert foncé. C'est donc un minéral très *polychroïque*.

Examinons maintenant cette même section entre les deux nicols *croisés*, nous voyons que ce minéral s'éteint lorsqu'un fil du réticule sert de bissectrice à l'angle obtus formé par les clivages (l'autre fil servant naturellement de bissectrice à l'angle aigu). Notre plaque ayant l'épaisseur convenue, nous constatons de plus que les teintes de polarisation sont brunes.

En nous reportant au tableau n° 2 contenant les minéraux colorés en lames minces, nous voyons que les caractères de cette section sont ceux de l'*amphibole coupée perpendiculairement* à h^1g^1, c'est-à-dire à peu près perpendiculairement à p.

Si nous cherchons dans la même plaque d'autres sections du même minéral, nous en trouvons de coupées parallèlement à h^1g^1, qui sont d'un brun vert, traversées par un seul système de lignes parallèles de clivage. Le *polychroïsme* de cette section est aussi très sensible, la limite étant beaucoup plus foncée lorsque les lignes de clivage sont parallèles à un des réticules que lorsqu'elles lui sont perpendiculaires. Si nous éloignons le nicol supérieur, nous voyons que les couleurs de polarisation sont beaucoup plus vives que tout à l'heure; l'extinction a lieu presque parallèlement au clivage g^1h^1, c'est-à-dire en long, c'est-à-dire à 15 ou 20°, par exemple.

On voit qu'il nous a suffi d'examiner *méthodiquement* ce minéral pour arriver à en reconnaître la nature. Il nous sera possible de compléter cet examen en l'examinant en lumière convergente. (Voy. p. 739.) Nous verrons alors que c'est un minéral *bi-axe*, c'est-à-dire appartenant à un des trois derniers systèmes cristallins, et donnant lorsqu'on fait tourner la platine des ombres ondoyantes en forme d'hyperboles.

Examinons à présent un des éléments blancs de la préparation. En lumière naturelle, ou plutôt en ne conservant que le nicol inférieur, le supérieur étant relevé, nous voyons une *plage incolore, limpide*, sans contours cristallins, paraissant se mouler sur les éléments ambiants. Ce minéral n'est nullement *polychroïque*, c'est-à-dire que sa couleur ne varie pas, lorsqu'on fait tourner la préparation.

Si nous abaissons le nicol supérieur, il prend une teinte d'un *gris bleuâtre* (un peu jaune si la plaque est trop épaisse), et en faisant tourner la platine nous obtenons quatre extinctions à angles droits; ces extinctions ne se font pas brusquement, il semble que ce cristal prend un aspect *moiré*. Sa limpidité est presque absolue, à peine observe-t-on quelques inclusions circulaires rangées en lignes et quelques fêlures irrégulières.

Tous ces caractères se rapportent au *quartz*, peut-être cependant pourrait-il s'agir de l'orthose, mais ce dernier est beaucoup plus altéré que le quartz par la kaolinisation. Enfin le quartz est un minéral à un axe, tandis que le feldspath est à deux axes, un examen en lumière *convergente* peut, dans ces cas, nous fixer complètement.

Voici, en lumière naturelle, un troisième minéral *coloré* dans les tons franchement bruns. Il est régulièrement strié dans le sens de l'allongement. Il est extrêmement *polychroïque*. Jusqu'ici nous pouvons avoir affaire à de l'amphibole ou à du mica noir. En abaissant le nicol supérieur et faisant tourner la préparation, nous voyons que ce minéral est très biréfringent et qu'il s'éteint parallèlement aux fibres, ou plutôt aux lignes de clivages. Cette extinction se faisant en *long* et non à quelques degrés, nous avons donc bien affaire à du mica noir coupé perpendiculairement à *p* et à ses clivages faciles, etc.

On voit donc qu'en prenant le soin de chercher *méthodiquement* les propriétés d'un minéral examiné dans des sections diversement orientées, il sera presque toujours possible d'arriver à en déterminer la nature. Il est bien entendu que, dans ces quelques chapitres, nous n'avons jamais voulu envisager que les cas simples, les plus fréquents, et que ce court résumé ne peut avoir la prétention de remplacer les conseils d'un professeur expérimenté.

TABLE DES MATIÈRES

7025-86. — Corbeil. Typ. et stér. Crété.

[illegible]

Traité d'anatomie générale appliquée à la médecine, [illegible] anatomiques, tissus et systèmes, par L. [illegible], professeur agrégé à la Faculté de médecine de Paris, etc., avec une introduction de M. le professeur [illegible]. 1 vol. in-8, avec 4[illegible] fig. dessinées par l'auteur. [illegible]

Traité élémentaire d'histologie, contenant l'histoire des éléments [illegible], des tissus et de tous les organes du corps humain, par le [illegible] Fort, professeur libre d'anatomie, 2e édition, etc. 1 vol. in-8, avec [illegible] intercalées dans le texte. [illegible]

Traité d'anatomie descriptive, avec figures intercalées dans le texte, par Ph. C. Sappey, professeur d'anatomie à la Faculté de médecine de Paris, [illegible]tion entièrement refondue. 4 vol. in-8, 1876-79. [illegible]

Anatomie descriptive et dissection, contenant un précis d'embryologie, la structure microscopique des organes et celle des tissus, par le docteur Fort, professeur libre d'anatomie et de chirurgie, etc. 4e édition, revue et augmentée. 3 vol. in-18, avec 1316 figures dans le texte, 1887. [illegible]

Nouvel Abrégé d'anatomie descriptive, par le docteur Fort, contenant la description de tous les organes, la structure des principaux tissus, l'exposé sommaire des principales régions et un résumé d'embryologie. 1 vol. in-32 avec 198 figures intercalées dans le texte. 5 fr. — Cartonné. [illegible]

Traité complet d'ophthalmologie, par de Wecker et Landolt. Anatomie microscopique par les professeurs J. Arnold, A. Ivanoff, G. Schwalbe et Waldeyer. [illegible] ouvrage remplace la troisième édition du Traité de Wecker [illegible].

Tome I. *Maladies des paupières, maladies de la conjonctive, [illegible]*, etc., etc. 1 fort vol. in-8 avec 252 figures intercalées dans le texte et 2 planches (1880). [illegible]

Tome II. *Maladies de la cornée, maladies du tractus uvéal, du corps vitré, de la sclérotique, glaucome, maladies du cristallin.* 1 vol. in-8, avec 214 figures intercalées dans le texte (1886). [illegible]

Tome III. *Réfraction et accommodation, amblyopie et amaurose, anomalies des mouvements des yeux.* 1 vol. in-8, avec 1[illegible] figures intercalées dans le texte (1887). [illegible]

Tome IV. *Maladies de la rétine, du nerf optique, de l'orbite et des voies lacrymales*, etc. 1 vol. in-8, avec fig. intercalées dans le texte (188[illegible]). [illegible]

Traité d'anatomie pathologique, par le docteur E. Lancereaux, professeur agrégé à la Faculté de médecine de Paris, médecin des hôpitaux, etc.

Tome I. — *Anatomie pathologique générale.* 1 fort volume in-8 de 838 pages, avec 267 figures intercalées dans le texte. 1875. 20 fr. — Cartonné. [illegible]

Tome II. *Anatomie pathologique spéciale. Anatomie pathologique des systèmes.* 1° Système lymphatique. 1 vol. in-8, avec 179 figures. 188[illegible]. [illegible] — Cartonné. [illegible]

Tome III, 1re partie. *Anatomie pathologique spéciale. Anatomie pathologique des systèmes : système locomoteur. Anatomie pathologique des appareils, appareils de l'innervation.* 1 vol. in-8, avec 181 figures intercalées dans le texte. 1885. Prix pour les souscripteurs du tome III complet. [illegible]

Anatomie pathologique du système nerveux, par le docteur Raymond, professeur agrégé à la Faculté de médecine de Paris, etc. 1 vol. in-8 avec 118 figures intercalées dans le texte, 1886. [illegible]

Traité élémentaire d'anatomie médicale du système nerveux, par Ch. [illegible], médecin adjoint de la Salpêtrière, etc. 1 vol. in-8 avec 213 figures intercalées dans le texte, 1886. [illegible]

[illegible] — Typ. [illegible], Paris.

www.ingramcontent.com/pod-product-compliance
Ingram Content Group UK Ltd.
Pitfield, Milton Keynes, MK11 3LW, UK
UKHW020206200726
13856UKWH00003B/1223

9 782011 910813